J'apprends à programmer avec SCRATCH

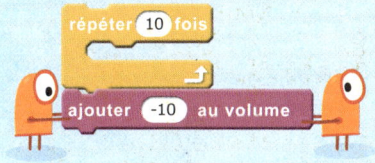

Texte : Rosie Dickins,
Jonathan Melmoth et Louie Stowell

Experts-conseils :
Berbank Green et Jonathan Skuse,
avec la participation de Ben Woodhall

Illustrations : Shaw Nielsen

Maquette : Stephen Moncrieff,
Matt Preston et Hayley Wells
Traduction : Pascal Varejka

pwd:monstres

Sommaire

Qu'est-ce que la programmation ?	4
Démarrer Scratch	6
Premiers projets	
Le chat et la souris	8
Lutins dansants	12
Constitue un orchestre	14
Même pas peur !	18
Dessine des formes	22
Raconte une histoire	26
Dessine et colorie tes lutins	32
Devine le nombre caché	36
Le jeu de pong	40

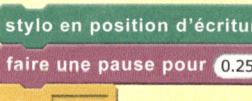

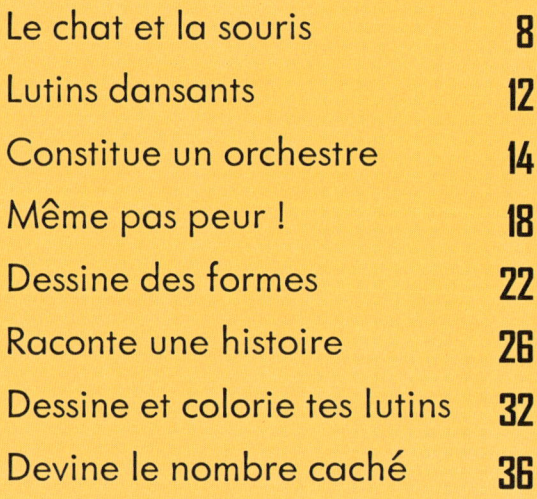

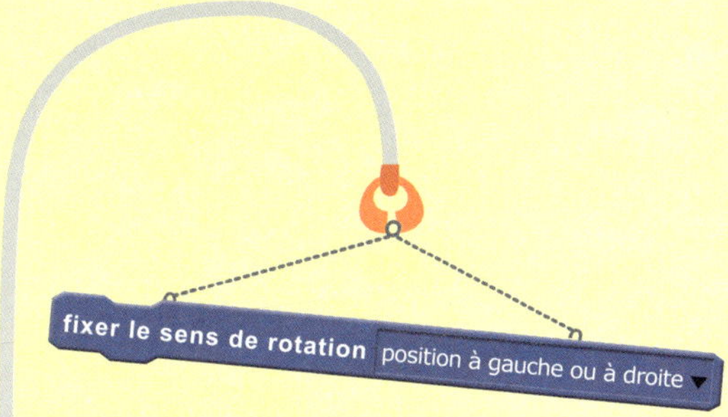

Crée des motifs · 44
Ton animal virtuel · 46

Jeux

La course de voiture · 54
L'aventure spatiale · 60
Le chevalier sauteur · 66
Éclate les ballons · 72

Informations utiles

Sauvegarder et partager · 80
Les catégories de blocs · 82
Glossaire · 92

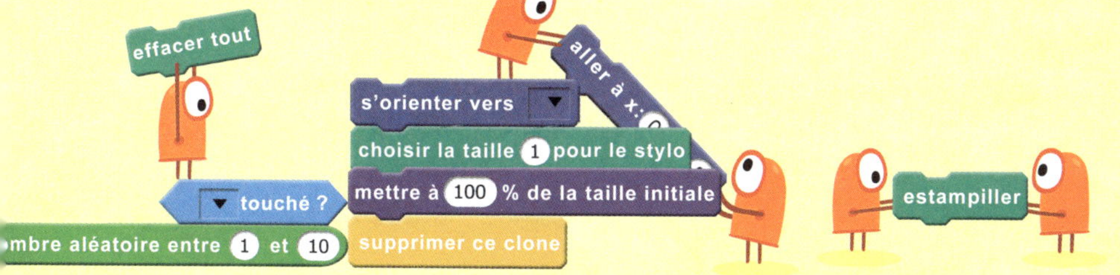

Qu'est-ce que la programmation ?

La programmation consiste à écrire des instructions pour les ordinateurs. Un ensemble complet d'instructions s'appelle un programme. Si tu apprend la programmation, tu peux créer tes propres programmes.

Se faire comprendre

Pour qu'un programme fonctionne, il faut que l'ordinateur puisse le comprendre. Il faut donc décomposer toutes les instructions en étapes simples et faciles à comprendre, et les transcrire en langage informatique.

> **ATTENTION !**
> Les ordinateurs suivent aveuglément les instructions. Ils sont incapables de penser par eux-mêmes. Tout doit donc être clairement exprimé, sans rien oublier.

Le langage informatique

Le langage informatique est comme les langues que nous parlons, mais il dispose d'une quantité de mots limitée et il comporte des règles précises concernant la façon d'exposer les choses.

Il existe de nombreux langages informatiques, conçus pour différents types de programmation. *Scratch* est le premier que la plupart des gens apprennent, car il a été créé spécialement pour les débutants.

> Scratch est idéal pour créer des jeux et des animations, et pour apprendre la programmation en général.

Scratch a été développé par le groupe Lifelong Kindergarten du MIT Media Lab (Massachussetts Institute of Technology). Voir http://scratch.mit.edu

Premiers pas

1 Essaie de faire glisser ces deux blocs de commande (catégorie **Mouvement**) jusqu'à l'aire des scripts pour faire marcher le chat.

Puis clique sur la catégorie **Sons** pour ajouter un bloc **jouer le son**.

2 Clique sur le script pour l'**exécuter**. Clique dessus plusieurs fois pour voir ce qui se passe.

Le contour du script s'illumine lorsque celui-ci s'exécute : le chat se déplace et miaule. S'il va trop loin, tu peux le ramener en arrière.

3 Mais pour que le chat ait vraiment l'air de marcher, il faudrait que ses deux pattes bougent…

Clique sur la catégorie **Apparence** et ajoute un bloc **costume suivant**. Cela fait apparaître une autre image, appelée « costume », du même lutin. Dans ce cas, les pattes du chat sont figurées dans une autre position. Clique plusieurs fois sur ce script.

4 Les pattes du chat bougent, mais seulement quand tu cliques sur le script. Pour que ce mouvement dure plus longtemps, va chercher un bloc **répéter** dans la catégorie **Contrôle**. Grâce à ce bloc qui forme une **boucle**, toutes les instructions qui figurent à l'intérieur se répètent autant de fois que tu l'indiques.

Sélectionne « pointeur de souris » dans le menu déroulant.

Sélectionne « meow » dans le menu déroulant.

MOTS-CLÉS
Les instructions comme AVANCER et JOUER sont parfois appelées des « mots-clés » parce qu'elles ont une signification claire et précise dans le langage informatique.

Félicitations, tu as écrit ton premier fragment de programme !

Tu peux saisir un autre chiffre dans les cases blanches.

LES BOUCLES
Les BOUCLES sont utilisées dans toutes sortes de scripts parce qu'elles permettent d'écrire plus rapidement des programmes plus brefs.

Page 8, tu découvriras comment transformer ce script en un simple jeu du chat et de la souris.

Le chat et la souris

Le but de ce jeu est de conserver le pointeur de ta souris à un pas de distance du chat. Si le chat touche le pointeur, il dit « Je t'ai eue ! » et le jeu s'achève.

1 Ce jeu nécessite un autre type de boucle : **répéter jusqu'à** (catégorie **Contrôle**)…

… ainsi qu'un bloc aux extrémités pointues de la catégorie **Capteurs**.

2 Assemble-les (la boucle s'élargit pour que le second bloc puisse s'y insérer). Clique ensuite sur le triangle noir et sélectionne « pointeur de souris » dans le menu déroulant.

Grâce à cette boucle, les instructions qui figurent à l'intérieur se répéteront sans arrêt jusqu'à ce que le chat touche le pointeur de la souris.

3 Retourne au script de la page précédente. Clique sur le premier bloc à l'intérieur de la boucle, puis fais-le glisser, ainsi que tous ceux qui sont emboîtés en dessous, à l'intérieur de la nouvelle boucle.

4 Termine ton script en ajoutant un bloc **dire** (catégorie **Apparence**).

Clique sur les cases blanches pour saisir le message du chat et indiquer pendant combien de temps il apparaît à l'écran.

Teste ton script

5 Clique sur le script et déplace le pointeur de ta souris sur l'écran. Le chat est censé le suivre jusqu'à ce qu'il l'attrape. Essaie plusieurs fois.

Si le chat atteint le bord de la **scène**, il vibre. Mais tu peux résoudre ce problème en insérant un bloc **rebondir** (catégorie **Mouvement**) au début de la boucle.

> **LES INSTRUCTIONS CONDITIONNELLES**
> Les instructions comme SI et RÉPÉTER JUSQU'À indiquent à l'ordinateur comment réagir en fonction de différentes conditions (ici, en fonction de l'endroit où se trouve le chat). Il s'agit d'instructions CONDITIONNELLES.

SI ton script fonctionne, tu peux être fier de toi !

Note que la forme des blocs ne leur permet d'être assemblés que de certaines façons.

6 Tu peux simplifier l'utilisation de ton script en ajoutant un bloc à **drapeau vert** (catégorie **Évènements**) au début.

Maintenant, tu peux exécuter le script en cliquant sur le **drapeau vert** au-dessus de la **scène** et l'arrêter en cliquant sur le **bouton rouge**.

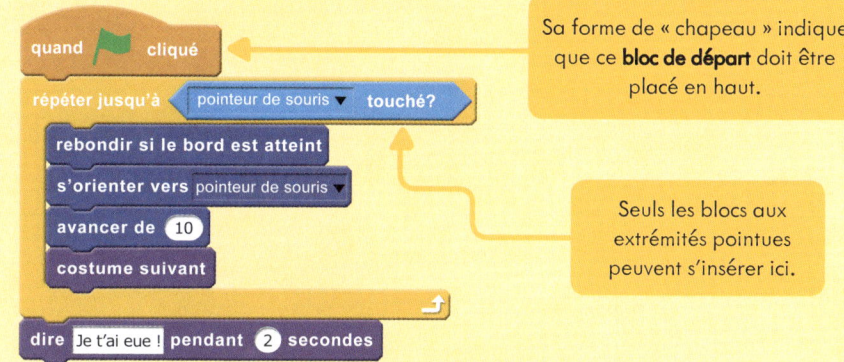

Sa forme de « chapeau » indique que ce **bloc de départ** doit être placé en haut.

Seuls les blocs aux extrémités pointues peuvent s'insérer ici.

SYNTAXE

La façon de concevoir ton code est appelée la SYNTAXE. Si la syntaxe est erronée, l'ordinateur risque d'être désorienté. Heureusement, avec Scratch, tu ne peux pas te tromper : les blocs ne s'assemblent que si la syntaxe est correcte.

Donc j'ai toujours raison !

7 Pour rendre le jeu plus équitable, tu peux faire partir le chat du milieu de la **scène** à chaque fois. Ajoute un bloc **aller à x y** (catégorie **Mouvement**).

Ensuite, tu peux définir sa position de départ en entrant des coordonnées.

Si tu veux que le chat parte du milieu, tape « 0 » dans les deux cases.

LES COORDONNÉES

Tout point de la scène peut être défini par un nombre « x », sur un axe horizontal (abscisse) et par un nombre « y », sur un axe vertical (ordonnée). Ces nombres, ou valeurs, s'appellent des COORDONNÉES.

Quand la valeur de x et de y est 0, tu te trouves au centre de la scène.

Enregistrer ton score

Ces pages t'indiquent comment améliorer ton jeu du chat et de la souris en enregistrant ton score et en ajoutant un lutin supplémentaire : une souris.

Les variables vitales

Quand tu joues, ton score change. Pour que ton ordinateur puisse l'enregistrer, tu dois donner un nom à cet élément d'information, ou « donnée ». En programmation, on appelle cela **créer une variable**.

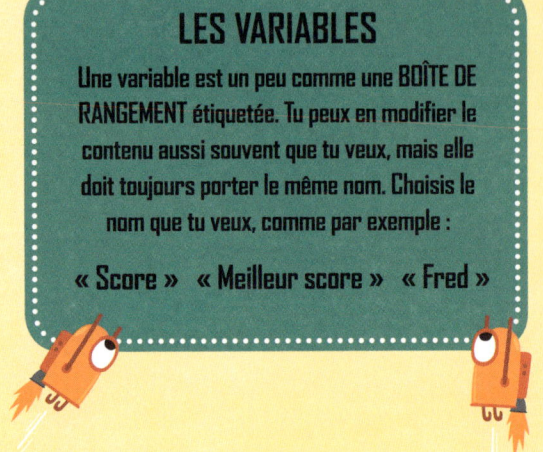

LES VARIABLES

Une variable est un peu comme une BOÎTE DE RANGEMENT étiquetée. Tu peux en modifier le contenu aussi souvent que tu veux, mais elle doit toujours porter le même nom. Choisis le nom que tu veux, comme par exemple :

« Score »   « Meilleur score »   « Fred »

Créer une variable

1 Clique sur « Créer une variable » dans la catégorie **Données**. Entre « score » comme nom de variable (tu peux laisser la case « Pour tous les lutins » cochée). Ensuite, clique sur « OK » et...

... une nouvelle série de blocs « score » apparaît.

Laisse la case du haut cochée pour que la variable apparaisse sur la **scène** (la partie de l'écran où ton script s'exécute).

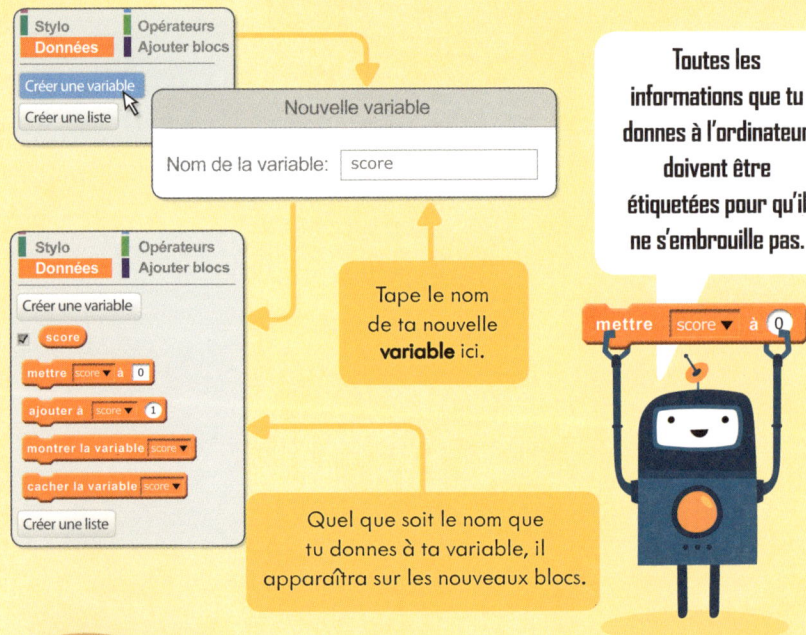

Tape le nom de ta nouvelle **variable** ici.

Toutes les informations que tu donnes à l'ordinateur doivent être étiquetées pour qu'il ne s'embrouille pas.

Quel que soit le nom que tu donnes à ta variable, il apparaîtra sur les nouveaux blocs.

2 Insère un bloc **mettre score à** au début. Fais-le glisser au bon endroit et il se mettra en place quand tu relâcheras le bouton de ta souris.

Insère un bloc **ajouter à score** dans la boucle, pour ajouter un point à chaque fois que ta souris échappe au chat.

Maintenant, rejoue. Un compteur de score devrait s'afficher dans le coin en haut à gauche de la **scène**. Le score augmentera jusqu'à ce que le chat attrape ta souris.

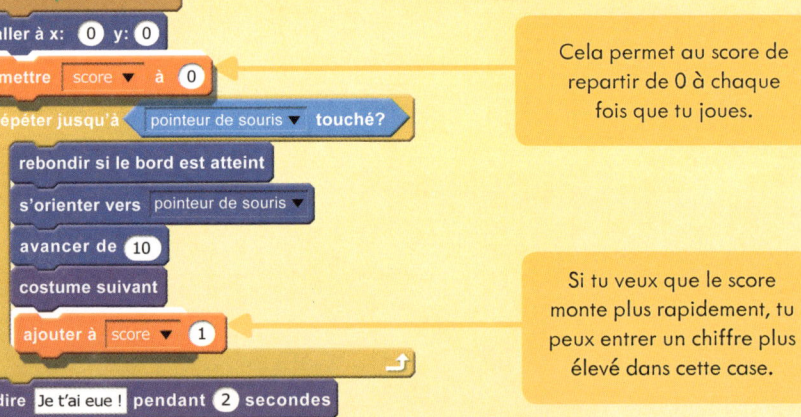

Cela permet au score de repartir de 0 à chaque fois que tu joues.

Si tu veux que le score monte plus rapidement, tu peux entrer un chiffre plus élevé dans cette case.

Ajouter un autre lutin

Maintenant, ajoutons une souris pour que ton chat la pourchasse.

1 Clique sur l'icône qui se trouve à droite de la mention « Nouveau lutin » au-dessus de l'**aire des lutins**. Cela fera apparaître une liste appelée la **Bibliothèque des lutins**. Fais-la défiler jusqu'à « Mouse1 » (souris1).

N'oublie pas que tu peux voir la version complète et opérationnelle de tous les scripts sur le site **Quicklinks d'Usborne**.

2 Double-clique sur « Mouse1 » (ou sélectionne le lutin et clique sur « OK »). La souris apparaîtra alors sur la **scène** avec le chat…

Le contour bleu indique que le lutin Mouse1 est sélectionné et prêt à être programmé.

… et dans l'**aire des lutins**. (L'**aire des scripts** est alors vide parce que tu n'as encore rien écrit pour ta souris.)

3 Crée un nouveau script pour animer ta souris. Utilise un bloc **aller à x y** pour que ta souris parte à chaque fois du même endroit.

Utilise une boucle **répéter jusqu'à** combinée à un bloc **touché** (catégorie **Capteurs**), pour que ta souris continue à se déplacer tant que le chat ne l'a pas attrapée.

Entre ces coordonnées pour placer la souris dans le coin en haut à droite de la scène.

Sprite1 désigne le lutin chat.

Entre 25. Plus la souris effectue de pas à chaque fois, plus elle se déplace vite, et plus elle a de chances d'échapper au chat.

4 Sélectionne le **lutin-chat** et remplace « pointeur de souris » par « Mouse1 » aux deux endroits où cette mention apparaît. Le chat va désormais pourchasser le nouveau lutin-souris, qui, lui, suivra le pointeur de ta souris.

Sélectionne « Mouse1 » dans le menu déroulant.

5 Clique sur le **drapeau vert** pour commencer à jouer. Cela exécutera tous les scripts en même temps.

Rejoue plusieurs fois et essaie d'augmenter ton score à chaque fois.

SAUVEGARDER TES PROJETS

Pour sauvegarder ce jeu et pouvoir y rejouer par la suite, donne-lui un nom dans la barre de titre située au-dessus de la scène. Il sera sauvegardé dans MES PROJETS sur ton compte Scratch (voir page 80).

11

Lutins dansants

Va sur **Costumes** pour animer un lutin et mettre ses mouvements en musique.

Les différentes versions d'un même lutin sont appelées **costumes**. Tu peux voir tous les costumes disponibles pour un lutin en cliquant sur l'onglet **Costumes** (au-dessus des **catégories de blocs**).

Animer un dinosaure

1 Crée un nouveau projet en cliquant sur « Fichier – Nouveau » dans la barre de menu grise en haut de l'écran. Puis fais un clic droit sur le chat et choisis « supprimer » pour vider la scène.

2 Clique sur l'icône située à droite de la mention « Nouveau lutin », au-dessus de l'**aire des lutins**, pour ouvrir la **Bibliothèque des lutins**. Double-clique sur un lutin pour le sélectionner – nous avons choisi « Dinosaur1 ».

3 Pour que ton dinosaure change sans arrêt de costume, crée ce script, puis clique sur le drapeau vert au-dessus de la scène pour l'exécuter.

Le dinosaure commence à bouger. Mais lorsqu'il heurte le bord de la scène, il se met à avancer la tête en bas. Pour qu'il reste sur ses pattes, tu dois définir son **style de rotation**.

4 Sélectionne le dinosaure dans l'**aire des lutins** et clique sur le « i ». Cela fait apparaître une série d'options dans l'**aire des lutins**.

5 Clique sur l'une des icônes ci-contre pour sélectionner un **style de rotation**. Essaie-les toutes pour voir ce qui se passe.

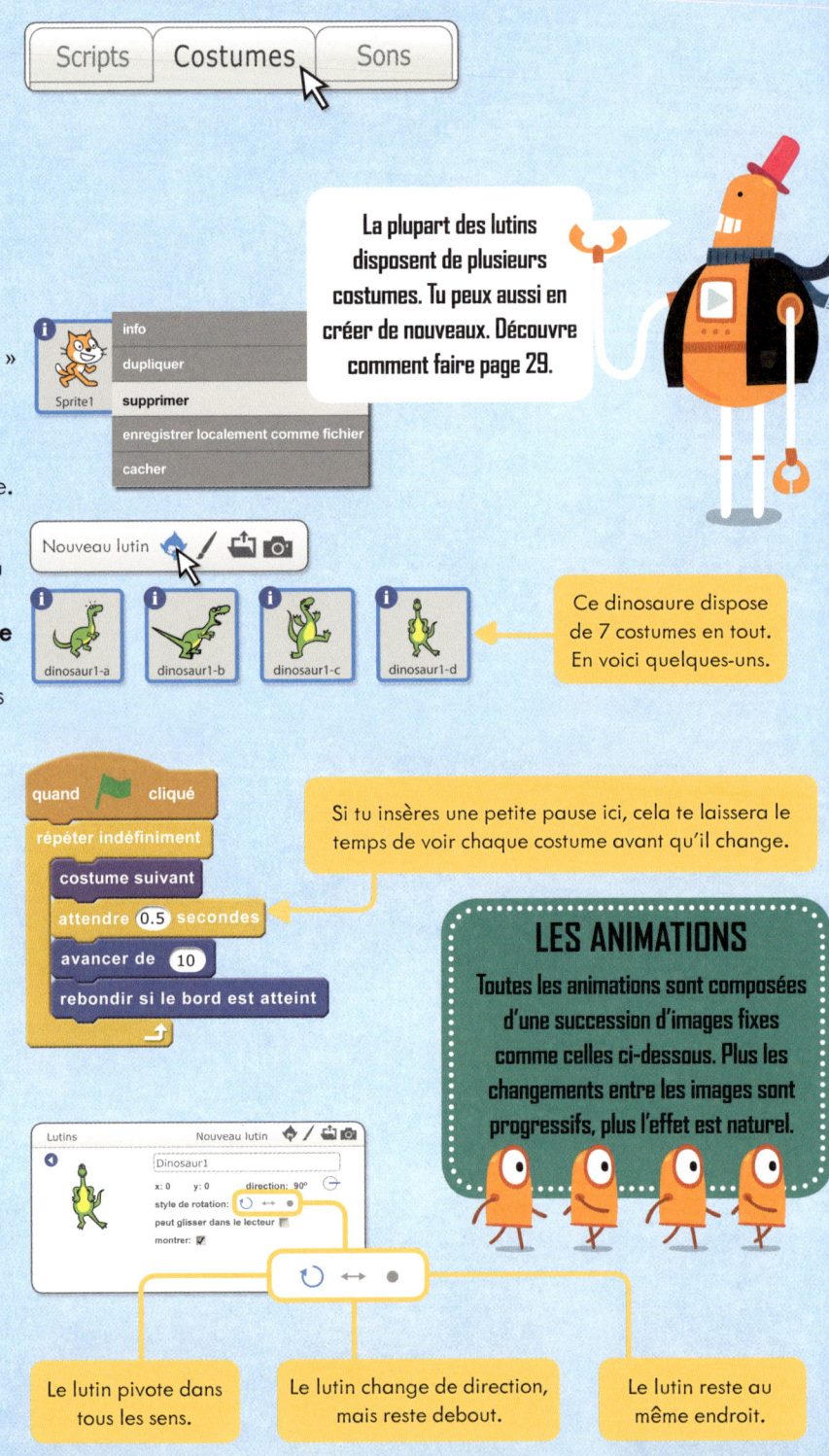

La plupart des lutins disposent de plusieurs costumes. Tu peux aussi en créer de nouveaux. Découvre comment faire page 29.

Ce dinosaure dispose de 7 costumes en tout. En voici quelques-uns.

Si tu insères une petite pause ici, cela te laissera le temps de voir chaque costume avant qu'il change.

LES ANIMATIONS

Toutes les animations sont composées d'une succession d'images fixes comme celles ci-dessous. Plus les changements entre les images sont progressifs, plus l'effet est naturel.

Le lutin pivote dans tous les sens.

Le lutin change de direction, mais reste debout.

Le lutin reste au même endroit.

Ajouter de la musique

Tu peux aussi ajouter de la musique pour accompagner la danse de ton dinosaure.

1 Clique sur l'onglet **Sons**, puis sur l'icône **haut-parleur**, pour ouvrir la **Bibliothèque des sons**.

2 Clique sur **Boucles musicales** et choisis un son. Double-clique dessus pour le sélectionner. Il apparaît maintenant dans la liste des sons *et* sous forme d'option dans le menu déroulant de certains blocs de la catégorie **Sons**.

3 Retourne à l'onglet **Scripts** et crée un autre script, comme celui ci :

LA BIBLIOTHÈQUE DES SONS
Il est plus facile de parcourir la Bibliothèque des sons en choisissant un *type* de son à partir de la liste CATÉGORIE. Les boucles musicales permettent de jouer de la musique en continu.

Tu peux écouter un son en cliquant sur le bouton **lecture**.

Utilise un bloc à **drapeau vert** au début des deux scripts pour que la musique et le mouvement s'exécutent en même temps.

Sélectionne le son que tu as choisi dans le menu déroulant.

Choisir un décor

Enfin, ajoute un **arrière-plan** pour parachever l'animation.

1 Clique sur l'icône **paysage** située à gauche de l'**aire des lutins**, pour ouvrir la **Bibliothèque d'arrière-plans**. Parcours-la jusqu'à ce que tu en trouves un qui te plaise.

2 Double-clique sur l'arrière-plan de ton choix pour le faire apparaître sur la scène. Puis clique sur le drapeau vert pour voir le dinosaure danser dans le décor que tu as choisi.

Cet arrière-plan s'appelle « desert ».

Constitue un orchestre

Découvre comment utiliser la catégorie **Sons** pour créer un orchestre de lutins et leur faire jouer une mélodie.

Choisir un rythme

1 Crée un nouveau projet. Fais un clic droit sur le chat dans l'aire des lutins et sélectionne **cacher**.

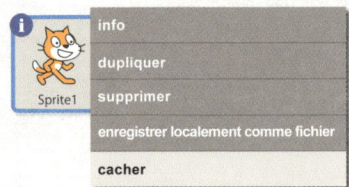

À l'aide de blocs **jouer du tambour**, tu peux créer un rythme de base pour ton orchestre.

2 Clique sur la catégorie **Sons** et fais glisser un bloc **jouer du tambour**. Sélectionne le type de tambour (en réalité ce sont différents instruments à percussion) et indique combien de temps durera la musique.

jouer du tambour 1▼ pendant 0.25 temps

Ce chiffre indique le type d'instrument à percussion. Dans Scratch, le chiffre 1 désigne toujours une caisse claire.

La durée correspond à un nombre de **battements**.

3 Crée une courte séquence comme celle-ci. Puis ajoute une boucle **répéter indéfiniment** (catégorie **Contrôle**) et un bloc **à drapeau vert** (catégorie **Évènements**). Ainsi, la musique jouera en continu une fois que tu auras cliqué sur le drapeau.

Le 4 correspond à un coup de cymbale.

Le 12 désigne un triangle.

Le 2 désigne une grosse caisse.

Le 13 désigne un bongo.

LES TYPES DE TAMBOURS ET DE PERCUSSIONS

Scratch propose 18 types de tambours et instruments à percussion. Écoute-les pour choisir ceux qui te plaisent.

Le 11 désigne une cloche de vache.

Le 7 désigne un tambourin.

Ajouter d'autres instruments

Tu peux ajouter d'autres lutins pour qu'ils jouent de différents instruments.

1 Choisis un nouveau lutin pour en faire l'un de tes musiciens.

Prends soin de bien sélectionner le lutin avant d'écrire son script.

2 Ajoute un bloc **choisir l'instrument n°** et sélectionne un des instruments dans le menu déroulant.

Ce chiffre correspond à un instrument. Le 10 désigne une clarinette.

3 Les instruments doivent être associés à des blocs **jouer la note** pour émettre des sons. Ces blocs déterminent la note qui sera jouée et sa durée.

Plus le chiffre est élevé, plus la note est aiguë.

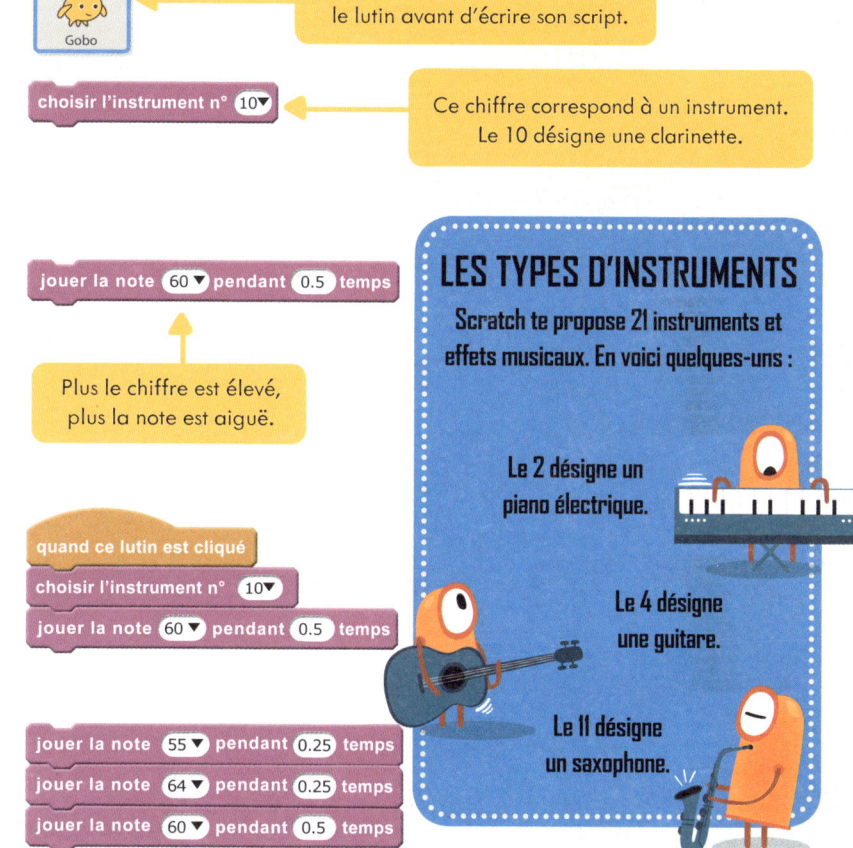

LES TYPES D'INSTRUMENTS
Scratch te propose 21 instruments et effets musicaux. En voici quelques-uns :

Le 2 désigne un piano électrique.

Le 4 désigne une guitare.

Le 11 désigne un saxophone.

4 Ajoute un bloc de départ **quand ce lutin est cliqué**. De cette façon, on entendra cet instrument quand tu cliqueras sur le lutin correspondant sur la scène.

Pour composer et jouer un air, ajoute d'autres blocs **jouer la note** de manière à former une séquence.

Ensuite, ajoute d'autres lutins pour compléter ton orchestre.

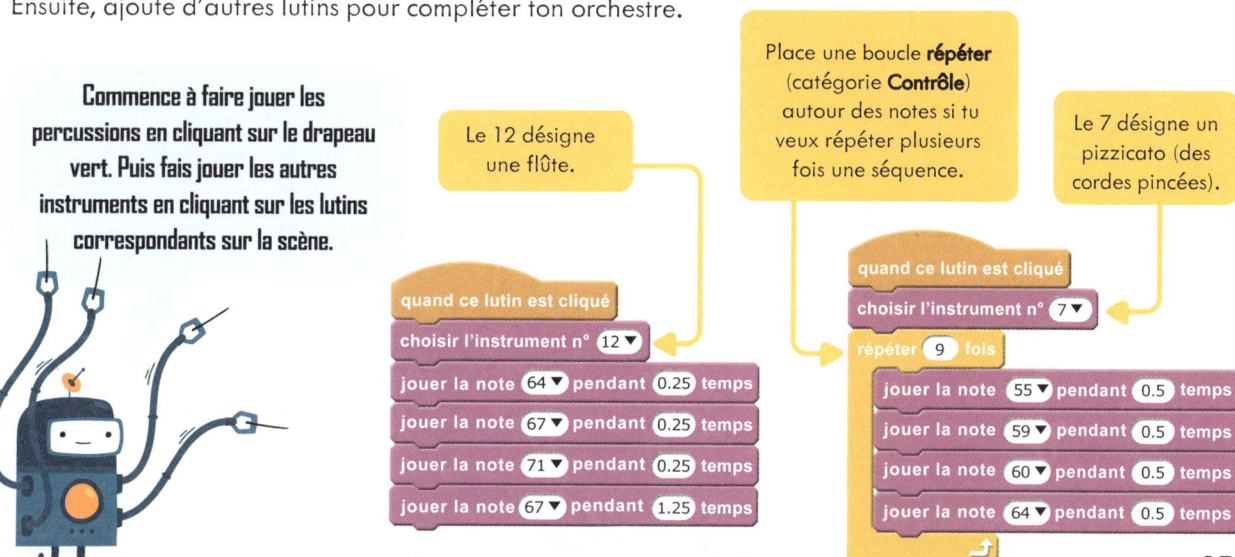

Commence à faire jouer les percussions en cliquant sur le drapeau vert. Puis fais jouer les autres instruments en cliquant sur les lutins correspondants sur la scène.

Le 12 désigne une flûte.

Place une boucle **répéter** (catégorie **Contrôle**) autour des notes si tu veux répéter plusieurs fois une séquence.

Le 7 désigne un pizzicato (des cordes pincées).

Ajouter d'autres sons

Tu peux ajouter différents effets sonores et enregistrer toi-même des sons pour ton orchestre de lutins.

Utiliser des effets sonores

1 Crée un nouveau lutin. Puis sélectionne l'onglet **Sons** au-dessus des catégories de blocs.

2 Clique sur l'icône **haut-parleur** pour ouvrir la Bibliothèque des sons.

3 Choisis un son et clique sur le bouton **lecture** pour l'écouter. Parcours la bibliothèque pour trouver un son qui te plaît, puis double-clique dessus pour le sélectionner.

4 Pour entendre le son quand tu cliques sur le lutin, retourne à l'onglet **Scripts**. Puis crée ce script avec un bloc **jouer le son** (catégorie **Sons**).

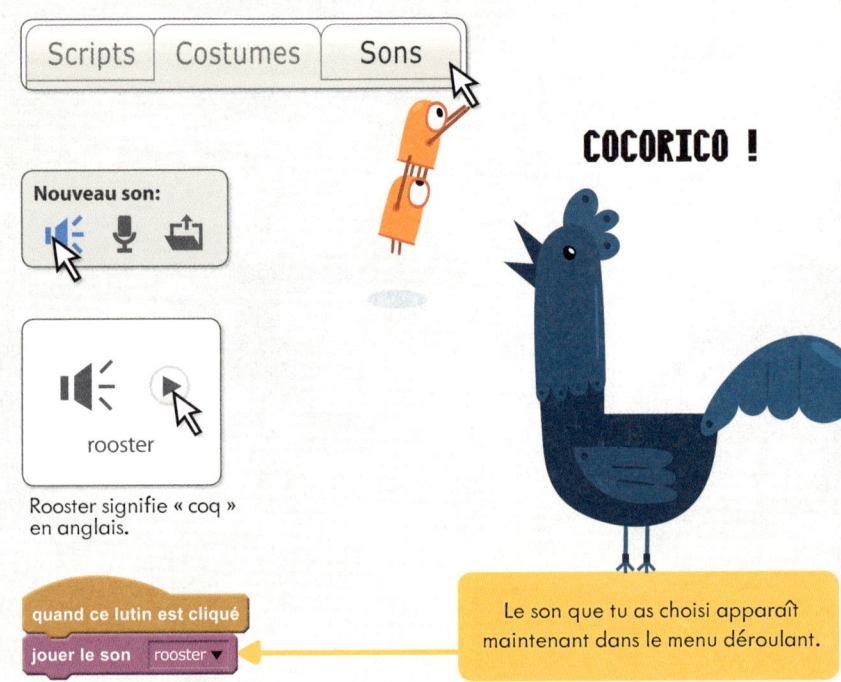

Rooster signifie « coq » en anglais.

Le son que tu as choisi apparaît maintenant dans le menu déroulant.

Enregistrer tes propres sons

1 Sélectionne l'onglet **Sons** et clique sur l'icône **microphone**.

2 Une icône **enregistrement** et une série de boutons apparaîtront à l'écran. Clique sur le bouton **enregistrer** et produis le son que tu veux. Puis clique sur **arrêt** quand tu as terminé.

3 Maintenant, quand tu utilises un bloc **jouer le son**, ton enregistrement apparaît dans le menu déroulant.

Pour enregistrer des sons, ton ordinateur doit être équipé d'un microphone en état de marche.

Accélérer ou ralentir le rythme

Le rythme d'un morceau de musique s'appelle le tempo. Tu peux l'accélérer ou le ralentir, et même le modifier pendant que ton orchestre joue.

Régler le tempo

1 Pour régler le tempo d'un lutin en particulier, ajoute ce bloc au début de son script.

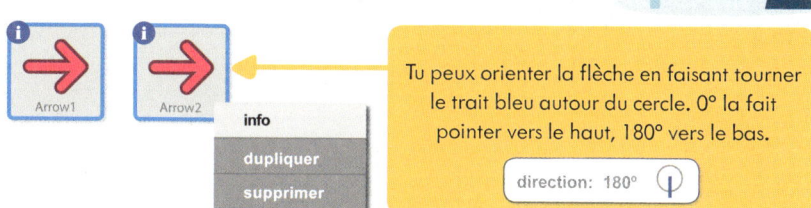

bpm signifie « battement par minute ». Plus le chiffre est élevé, plus la musique est rapide.

Créer des contrôleurs du rythme

1 Crée deux lutins-flèches pour exercer ce rôle : un pour accélérer le tempo, l'autre pour le ralentir. Place-les sur la scène, puis fais un clic droit sur chacun et sélectionne « info ». Oriente chaque flèche vers le haut ou vers le bas en faisant tourner le trait bleu autour du cercle.

Tu peux orienter la flèche en faisant tourner le trait bleu autour du cercle. 0° la fait pointer vers le haut, 180° vers le bas.

2 Ouvre à nouveau la **Bibliothèque des sons** et double-clique sur « pop ». Puis sélectionne le lutin « accélérateur de tempo » dans l'**aire des scripts** et attribue-lui ce script.

En ajoutant un petit bruit sec (« pop »), tu entends clairement que tu cliques sur le lutin.

Cela accélère le rythme de 10 bpm.

3 Sélectionne le lutin « ralentisseur de tempo » dans l'**aire des scripts** et attribue-lui ce script.

Cela ralentit le rythme de 10 bpm.

4 Maintenant, clique sur les flèches de contrôle pendant que ton orchestre joue. Aimes-tu le son produit ? Dans le cas contraire, modifie un peu ton script.

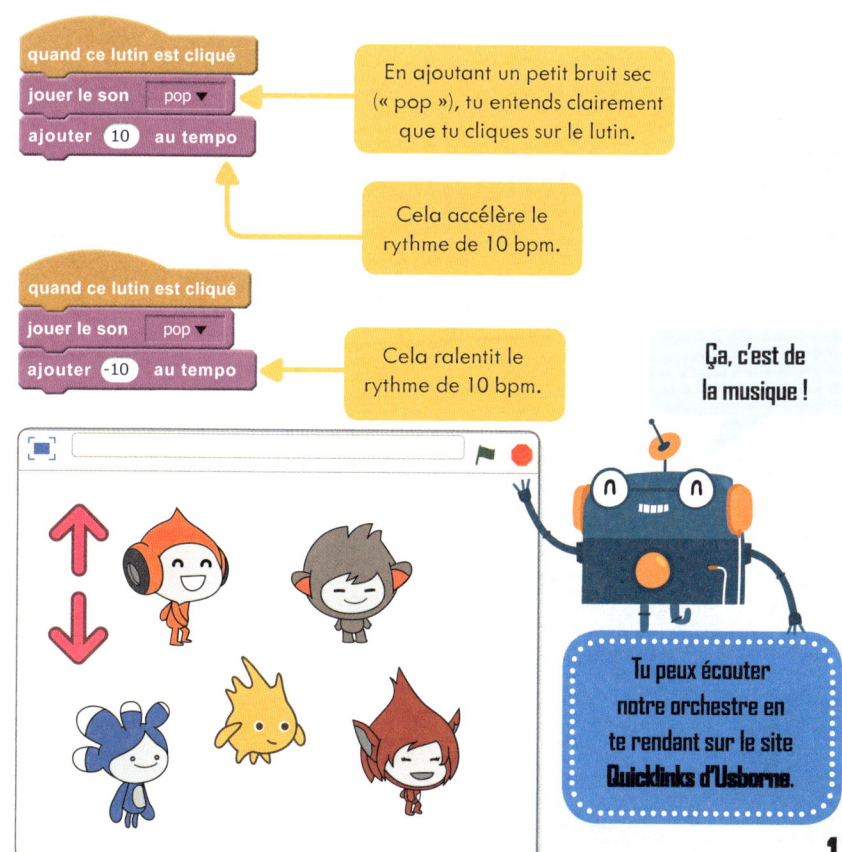

Ça, c'est de la musique !

Tu peux écouter notre orchestre en te rendant sur le site **Quicklinks d'Usborne**.

Même pas peur !

Apprends à donner une apparence fantomatique à un lutin, à le faire apparaître et disparaître, et même surgir à l'improviste.

Crée un lutin fantomatique

1 Crée un nouveau projet. Fais un clic droit sur le chat et supprime-le. Ouvre la **Bibliothèque des lutins** et choisis un lutin effrayant, ou rends-toi sur le site **Quicklinks d'Usborne** (voir ci-contre), pour trouver un lutin Usborne.

Le site **Quicklinks d'Usborne** te propose un grand nombre de lutins et d'autres éléments que tu peux utiliser. Il te suffit de te rendre sur le site www.usborne.com/quicklinks/fr et d'entrer le titre de ce livre.

2 Fais glisser un bloc à **drapeau vert** (catégorie **Évènements**) dans l'**aire des scripts**. Puis ajoute un bloc **aller à x y** (catégorie **Mouvement**). Indique 0 pour x et y.

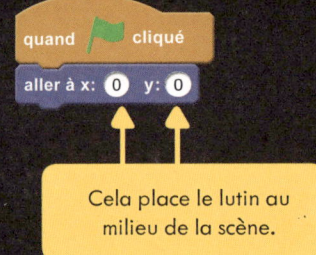

Cela place le lutin au milieu de la scène.

Maintenant, il est temps de créer une ambiance fantomatique...

L'effet fantôme

3 Va dans la catégorie **Apparence**, prends un bloc **mettre l'effet** et ajoute-le en dessous. Choisis « fantôme » dans le menu déroulant : le lutin aura un aspect fantomatique et flou.

Plus le chiffre est élevé, plus l'effet est puissant, jusqu'à 100 % (complètement invisible).

4 Prends une boucle **répéter** (catégorie **Contrôle**) et place-la autour d'un bloc **ajouter à l'effet** (catégorie **Apparence**). Choisis à nouveau « fantôme » dans le menu déroulant. Ajoute cette boucle à la fin de ton script.

Un chiffre négatif réduit l'effet, de sorte que le lutin retrouve lentement son apparence normale.

LES EFFETS SPÉCIAUX

Scratch te propose toutes sortes d'effets spéciaux. En voici quelques-uns...

TOURNOYER : le lutin s'enroule sur lui-même.

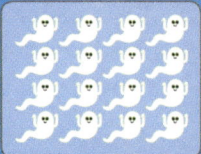

MOSAÏQUE : crée une série de petites copies du lutin.

ŒIL DE POISSON : fait gonfler le milieu du corps du lutin.

5 Pour créer un effet sonore effrayant, va sur l'onglet **Sons**. Clique sur l'icône **haut-parleur**, sélectionne un son et clique sur « OK ». Puis ajoute un bloc **jouer le son** (catégorie **Sons**). Les noms des sons sont en anglais. Celui sélectionné ici, « door creak », signifie « grincement de porte ».

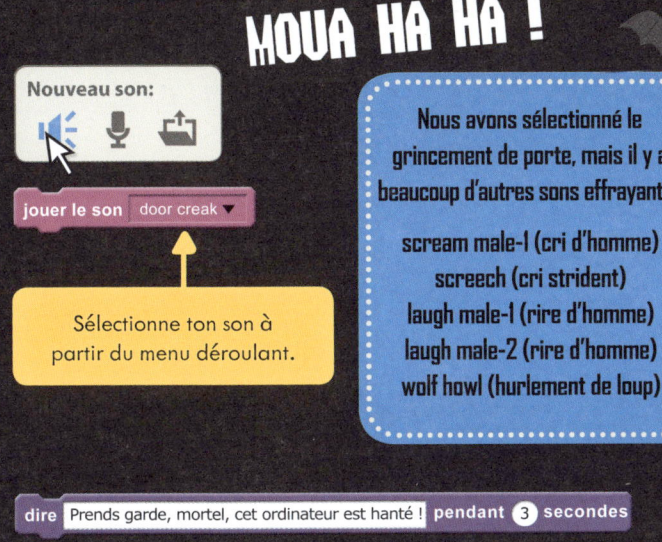

Sélectionne ton son à partir du menu déroulant.

Nous avons sélectionné le grincement de porte, mais il y a beaucoup d'autres sons effrayants :

scream male-1 (cri d'homme)
screech (cri strident)
laugh male-1 (rire d'homme)
laugh male-2 (rire d'homme)
wolf howl (hurlement de loup)

MOUA HA HA !

CRIIIC !

6 Tu peux ajouter un bloc **penser à** ou **dire** (catégorie **Apparence**) pour insérer un dialogue.

À ce stade, ton code devrait ressembler à cela... Exécute-le et modifie tout ce qui ne te satisfait pas.

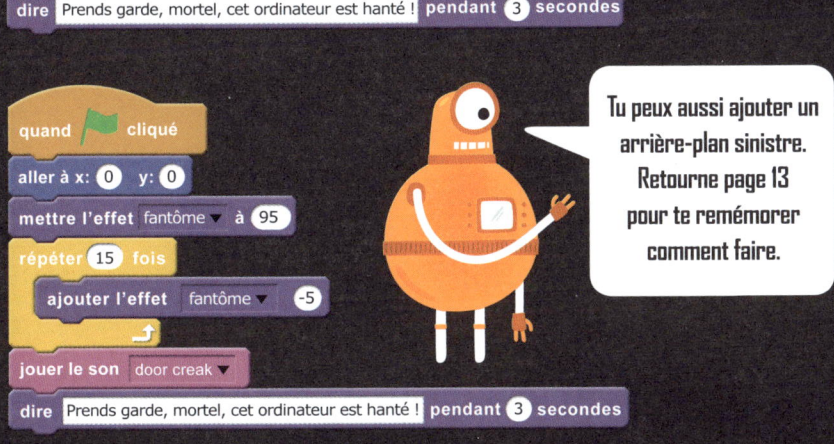

Tu peux aussi ajouter un arrière-plan sinistre. Retourne page 13 pour te remémorer comment faire.

Les déplacements

7 Pour faire glisser ton fantôme tout en douceur, prends un bloc **glisser** (catégorie **Mouvement**) et ajoute-le à la fin de ton script.

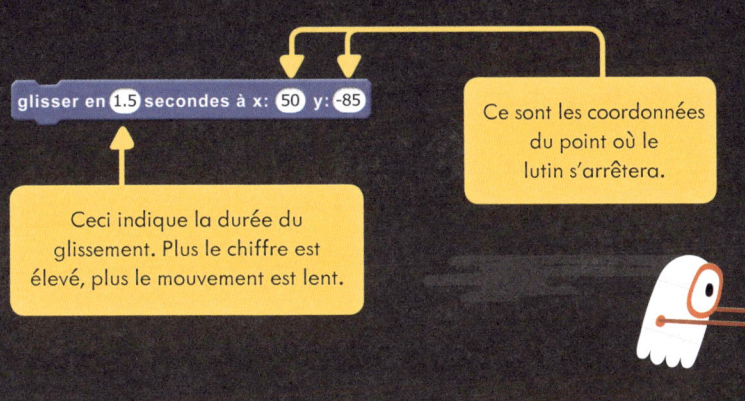

Ce sont les coordonnées du point où le lutin s'arrêtera.

Ceci indique la durée du glissement. Plus le chiffre est élevé, plus le mouvement est lent.

8 Pour donner l'impression que ton lutin se rapproche, ajoute un bloc **ajouter... à la taille** (catégorie **Apparence**) à la fin de ton script.

Plus le chiffre est élevé, plus le lutin sera grand. (Si tu saisis un nombre négatif, il rapetissera.) Quand le lutin grandit, il semble se rapprocher.

AAAH !

9 Tu peux ajouter d'autres blocs **penser à** ou **dire** sous le bloc **ajouter... à la taille**, pour prolonger l'histoire.

Cache-cache

10 Pour faire disparaître ton lutin, ajoute un bloc **cacher** (catégorie **Apparence**).

Puis ajoute un bloc **attendre** (catégorie **Contrôle**) pour que toute l'animation marque un temps d'arrêt.

Surprise !

11 Ajoute un bloc **aller à x y** (catégorie **Mouvement**) pour placer le lutin à un nouvel endroit. Puis prends un bloc **montrer** de la catégorie **Apparence** pour le faire réapparaître, puis un bloc **ajouter... à la taille** pour le rendre brusquement plus grand.

12 Tu peux aussi ajouter un effet sonore surprenant avec un bloc **jouer le son**, puis faire dire quelque chose au lutin, par exemple « BOUH ! » à l'aide d'un autre bloc **dire** combiné à un bloc **attendre**, pour marquer un temps d'arrêt et créer un effet.

13 Pour terminer, tu peux faire disparaître ton lutin (en ajoutant un autre bloc **cacher**), ou lui faire dire d'autres phrases…

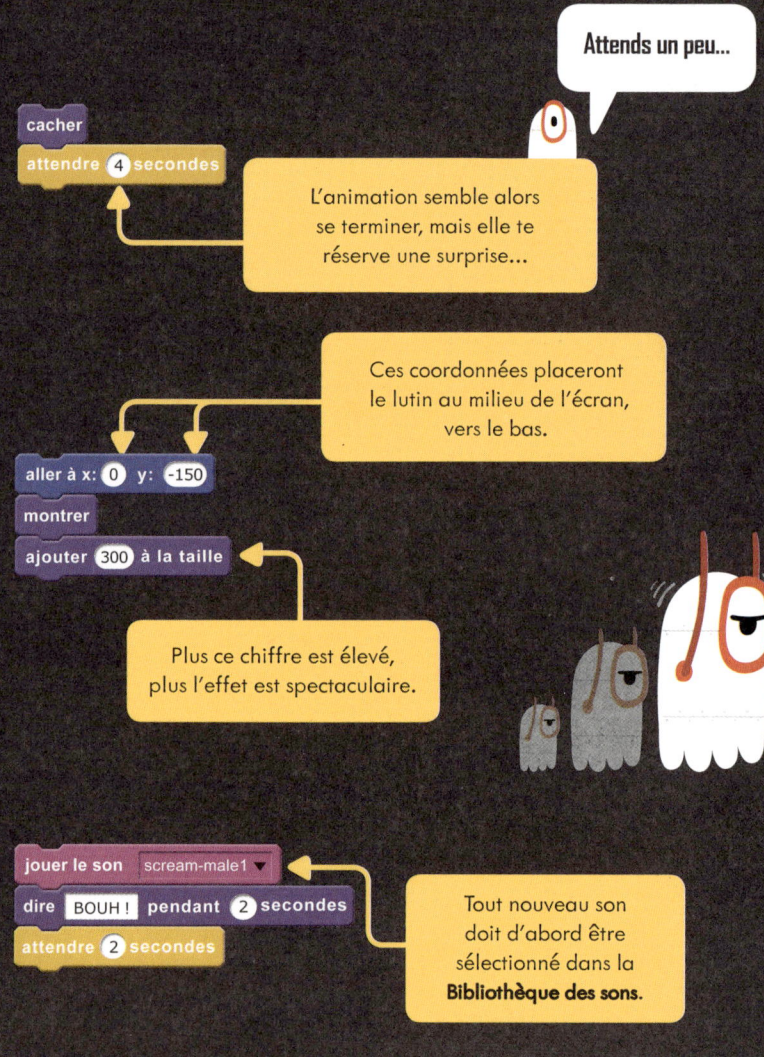

Teste ton script

14 Clique sur le drapeau vert pour exécuter ton animation. Essaie plusieurs fois.

Si tu l'exécutes plus d'une fois, le lutin n'aura plus la bonne taille au départ. Pour résoudre ce problème, tu dois insérer un bloc **mettre à... % de la taille** (catégorie **Apparence**) au début de ton script.

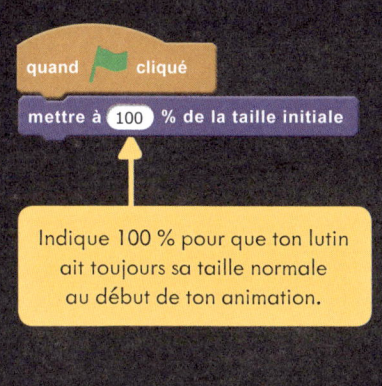

Indique 100 % pour que ton lutin ait toujours sa taille normale au début de ton animation.

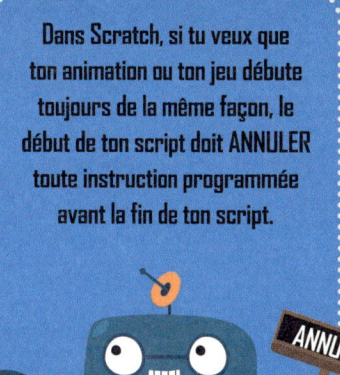

Dans Scratch, si tu veux que ton animation ou ton jeu débute toujours de la même façon, le début de ton script doit ANNULER toute instruction programmée avant la fin de ton script.

Le script complet

Voici le script complet de notre animation, que tu peux voir sur le site **Quicklinks d'Usborne**.

L'ensemble de l'animation représente un seul et unique script.

Psiit !

BOUH !

Tu ne m'auras pas deux fois de suite.

Dessine des formes

Apprends à transformer ton lutin en stylo et à utiliser des boucles pour lui faire dessiner différentes formes.

1 Les blocs **Stylo** sont vert foncé. Cliquez sur la catégorie **Stylo** pour afficher la liste complète.

2 Pour dessiner à l'aide de la souris, crée un nouveau projet et emboîte ces blocs.

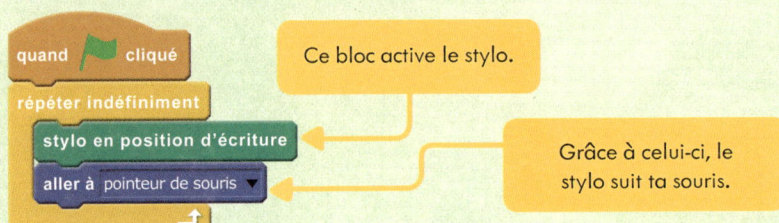

Ce bloc active le stylo.

Grâce à celui-ci, le stylo suit ta souris.

3 Puis clique sur le drapeau vert et déplace ta souris sur la scène.

Le lutin devient ton stylo et laisse une trace derrière lui au fur et à mesure qu'il se déplace.

QUELQUES BLOCS STYLO UTILES

Ce bloc sert à ARRÊTER le stylo.

`relever le stylo`

Ce bloc permet d'épaissir ou affiner la trace du stylo.

`choisir la taille 3 pour le stylo`

Plus le chiffre est élevé, plus le trait est épais.

Ce bloc attribue une couleur particulière au stylo.

Clique d'abord sur la petite case...

`choisir la couleur ■ pour le stylo`

... puis clique sur n'importe quelle couleur apparaissant dans l'éditeur Scratch pour la sélectionner.

Ce bloc permet de modifier la couleur du stylo.

`ajouter 10 à couleur du stylo`

Dans Scratch, un chiffre est attribué à chaque couleur. En changeant de chiffre, tu changes de couleur. En enchaînant plusieurs changements, tu crées un effet multicolore.

Créer des formes

Tu peux aussi dessiner des formes géométriques.

1 Supprime le script de la page précédente. Crée un nouveau script avec ces blocs, pour vider la scène et positionner ton lutin avant de commencer.

2 Ces blocs te permettent de dessiner toutes sortes de formes (voir plus bas).

En ajoutant un bloc **attendre**, tu obliges le lutin à faire une pause entre chaque ligne dessinée pour que tu puisses voir ce qui se passe.

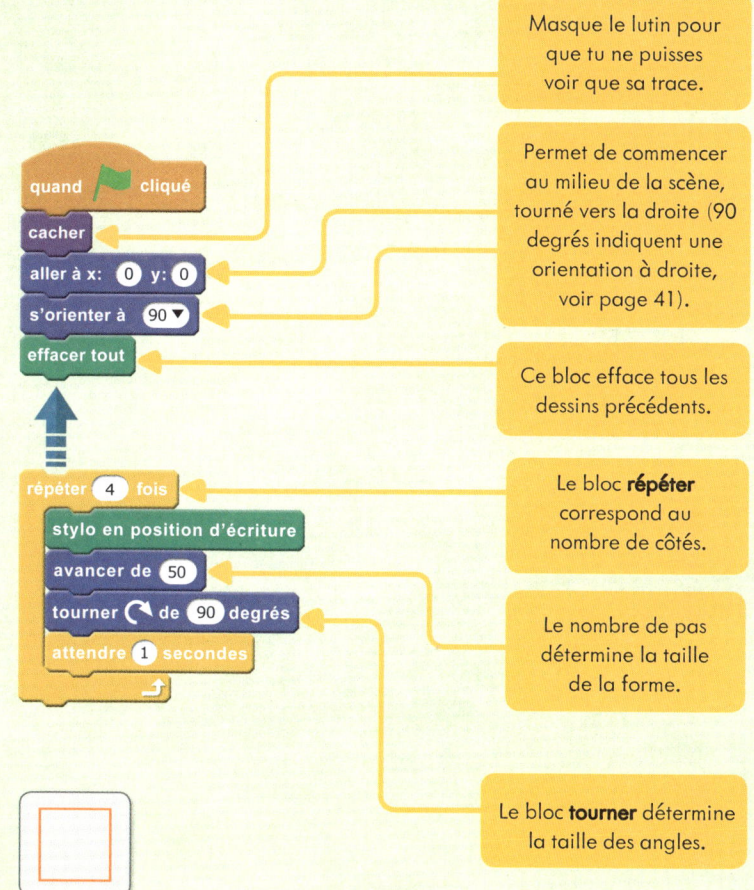

Masque le lutin pour que tu ne puisses voir que sa trace.

Permet de commencer au milieu de la scène, tourné vers la droite (90 degrés indiquent une orientation à droite, voir page 41).

Ce bloc efface tous les dessins précédents.

Le bloc **répéter** correspond au nombre de côtés.

Le nombre de pas détermine la taille de la forme.

Le bloc **tourner** détermine la taille des angles.

Avec un bloc **répéter** 4 fois et un bloc **tourner** de 90 degrés, on obtient un carré.

Pour créer des formes différentes, il te suffit de modifier les chiffres indiqués dans la boucle.

Répéter 3 fois et tourner de 120 degrés donne un triangle.

Répéter 6 fois et tourner de 60 degrés donne un hexagone.

UN TOUR COMPLET

Tant que tu obtiens 360 en multipliant les nombres de tes blocs répéter et tourner, les côtés de ta forme finiront par se rejoindre (tourner de 360 degrés, c'est faire un tour complet).

Créer des motifs

Pour dessiner la même forme indéfiniment et créer un motif, enlève le bloc **attendre** et ajoute une autre boucle, comme ceci.

Quand tu cliques sur le drapeau, ce motif devrait apparaître à l'écran…

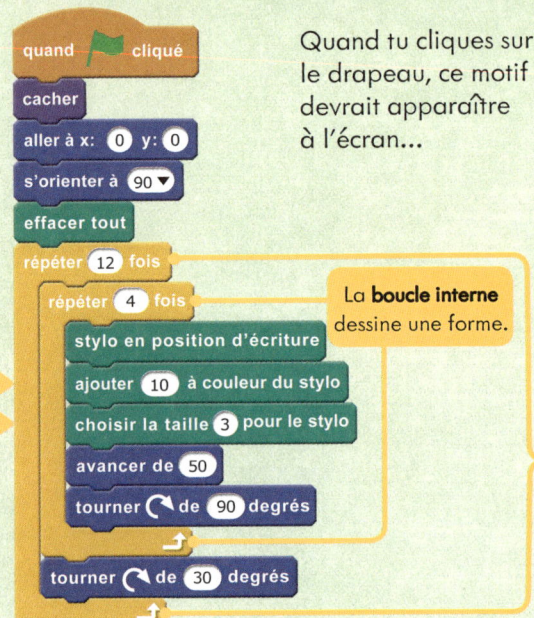

Tu peux insérer un bloc **ajouter… à couleur du stylo** pour obtenir un effet multicolore.

Modifie l'épaisseur du trait à l'aide d'un bloc **choisir la taille… pour le stylo.**

La **boucle interne** dessine une forme.

La **boucle externe** fait répéter la forme.

En modifiant les nombres des blocs **répéter** et **tourner**, tu peux créer des motifs très variés. Fais des essais et vois ce que tu arrives à créer.

1 Boucle externe : **répéter** 10, **tourner** 36
Boucle interne : **répéter** 3, **tourner** 120

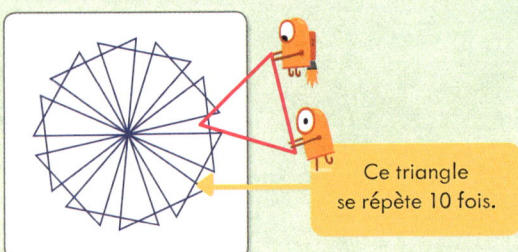

Ce triangle se répète 10 fois.

Si tu obtiens 360 quand tu multiplies les nombres des blocs répéter et tourner de la boucle externe, les formes répétées décriront un cercle (tourner de 360 degrés, c'est faire un tour complet).

2 Boucle externe : **répéter** 45, **tourner** 8
Boucle interne : **répéter** 3, **tourner** 120

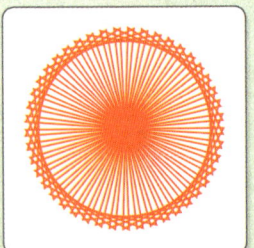

3 Boucle externe : **répéter** 12, **tourner** 30
Boucle interne : **répéter** 10, **tourner** 36

Pour obtenir un dessin d'une seule couleur, remplace l'instruction **ajouter… à la couleur du stylo** par **mettre la couleur du stylo à.**

Curseurs graphiques

Tu peux te servir de variables pour créer des curseurs de défilement te permettant de modifier tes formes plus rapidement et plus facilement.

1 Va dans **Données** et sélectionne « Créer une variable ». Laisse la case « Pour tous les lutins » cochée. Crée deux nouvelles variables : **formes** et **côtés**. Vérifie que les petites cases à la gauche des nouvelles variables sont bien cochées, afin qu'elles apparaissent sur la scène.

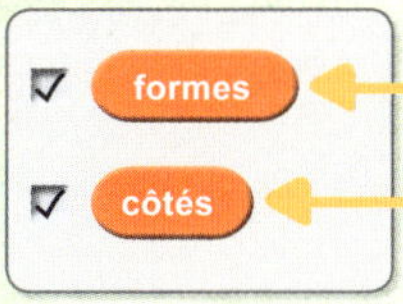

Cette variable détermine le nombre de formes de chaque motif.

Cette variable détermine le nombre de côtés de chaque forme.

2 Remplace le nombre de la boucle **répéter** *externe* par la variable **formes**, et celui de la boucle **répéter** *interne* par la variable **côtés**.

3 Dans les blocs **tourner**, remplace les nombres par des blocs **diviser** de la catégorie **Opérateurs** (voir page 36). En programmation, « / » signifie « diviser » (÷).

Remplace le nombre du bloc **tourner** de la boucle *interne* par « 360 / **côtés** », et celui de la boucle *externe* par « 360 / **formes** ».

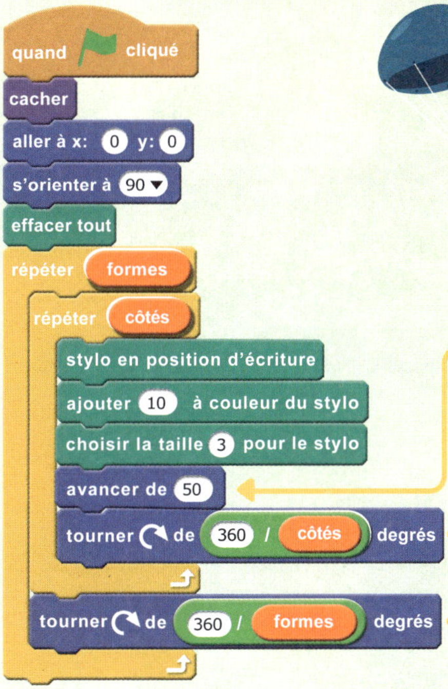

Si tes formes sont trop grandes, réduis ce nombre.

Cela fait en sorte que les côtés de chaque forme se rejoignent.

Cela fait en sorte que les formes répétées décrivent un cercle.

4 Maintenant, transforme tes variables en curseurs de défilement. Sur la **scène**, fais un clic droit sur la variable **formes** et sélectionne « potentiomètre ». Fais à nouveau un clic droit et sélectionne « définir le min et le max du curseur ». Cela facilitera l'utilisation du curseur. Puis fais la même chose avec la variable **côtés**.

À présent, pour varier tes motifs, plus besoin de modifier ton code : il te suffit de déplacer tes curseurs et de cliquer sur le drapeau vert.

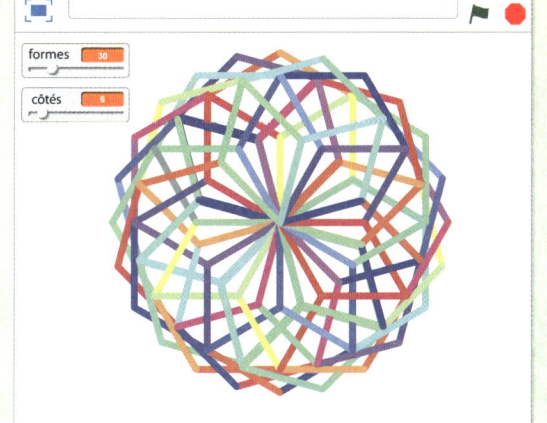

Définis l'intervalle de variation des formes de 1 à 100, et celui des côtés de 3 à 20 (une forme ne peut pas avoir moins de 3 côtés).

Raconte une histoire

Apprends à utiliser Scratch pour créer des histoires animées, avec des arrière-plans, des dialogues et des effets-surprises.

Choisir des personnages

1 Crée un nouveau projet et supprime le chat. Puis clique sur l'icône **lutin** pour ouvrir la **Bibliothèque des lutins**. Sélectionne deux personnages en cliquant dessus. Ces deux lutins apparaissent maintenant sur la scène.

Pico Giga

Tu peux sélectionner n'importe quels lutins. Nous avons choisi Pico et Giga.

Gobo

Zut, je voulais être dans l'histoire.

Ajouter un arrière-plan

2 Clique sur l'icône **paysage** située à gauche de l'**aire des lutins**, pour ouvrir la **Bibliothèque d'arrière-plans**.

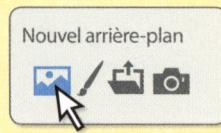

3 Parcours la bibliothèque jusqu'à ce que tu trouves un arrière-plan qui te plaise, puis double-clique dessus pour le sélectionner. C'est dans ce décor que ton histoire débutera.

Dispose les personnages sur l'arrière-plan en les faisant glisser jusqu'à l'endroit voulu.

school2 slopes space
train tracks1 train tracks2 tree

Il n'y en a aucun qui te plaît ? Découvre comment utiliser des photos comme arrière-plan page 31, ou apprends à dessiner et à colorier ton propre décor page 54.

Envoyer un message

Pour que ton histoire s'anime, tu vas avoir besoin d'un nouveau type de bloc appelé **envoyer à tous**. Tu le trouveras dans la catégorie **Evènements**.

4 Sélectionne Pico (ou le lutin qui va parler en premier). Attribue-lui un bloc à **drapeau vert** (catégorie **Evènements**), puis ajoute un bloc **dire** (catégorie **Apparence**) et tape ce que tu veux qu'il dise dans la boîte de texte.

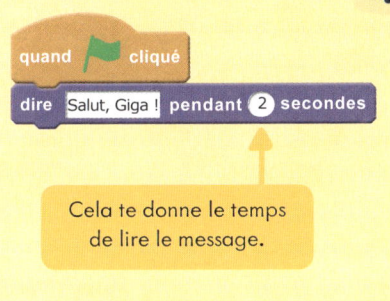

Cela te donne le temps de lire le message.

5 Va ensuite dans la catégorie **Evènements** et ajoute un bloc **envoyer à tous**. Clique sur la flèche du menu déroulant et sélectionne « nouveau message », puis tape un nom dans la fenêtre qui apparaît.

Nous avons appelé ce message « Giga 1 » parce que c'est le premier message ENVOYÉ à Giga.

ENVOYER ET RECEVOIR

Dans Scratch, les blocs ENVOYER À TOUS servent à envoyer des messages d'un script à un autre. Les blocs QUAND JE REÇOIS attendent un message particulier. Quand le message attendu est reçu, cela déclenche un nouveau script.

Recevoir un message

6 Sélectionne l'autre lutin et attribue-lui un bloc **quand je reçois**. Ajoute un bloc **dire** et tape une réponse dans la boîte de texte, comme ceci :

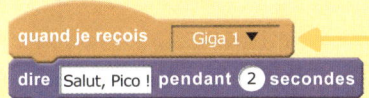

Dans le menu déroulant, sélectionne le message que le lutin attend.

Teste tes scripts

7 Clique sur le drapeau vert pour tester les scripts que tu viens de créer. Pico devrait se mettre à parler et Giga devrait lui répondre.

LA COMMUNICATION

La plupart des langages informatiques permettent aux différentes parties d'un programme de communiquer entre elles, un peu comme si elles échangeaient des messages.

Pico

Salut, Giga !

Salut, Pico !

Giga

27

Une conversation plus longue

8 Tu peux continuer à ajouter des blocs **envoyer à tous** et **quand je reçois** pour créer une conversation. Donne à chaque message envoyé un nom différent, de façon à ne pas les confondre.

Premier script pour Giga

```
quand je reçois  Giga 1 ▼
dire  Salut, Pico !  pendant  2  secondes
envoyer à tous  Pico 1 ▼
```

À chaque fois que tu crées un message, il s'ajoute à la liste du menu déroulant.

« Pico 1 » est le premier message ENVOYÉ à Pico.

PLANIFIE TON DIALOGUE

Pour t'aider à organiser le dialogue de tes personnages, tu peux le rédiger, comme ceci :

P : Salut, Giga !

G : Salut, Pico !

P : Partons à l'aventure !

G : J'ai une idée.

C'est très utile, car l'AIRE DES SCRIPTS n'affiche que les scripts d'un seul lutin à la fois.

Deuxième script pour Pico

```
quand je reçois  Pico 1 ▼
dire  Partons à l'aventure !  pendant  2  secondes
envoyer à tous  Giga 2 ▼
```

« Giga 2 » est le deuxième message envoyé à Giga.

Partons à l'aventure !

Pico

COPIER DU CODE

Si tu constates que tu utilises continuellement les mêmes blocs, tu peux faire un clic droit sur un ensemble de blocs pour les dupliquer.

Deuxième script pour Giga

L'envoi de ce message va déclencher une surprise... tu vas la découvrir ci-dessous.

J'ai une idée.

Giga

Un changement de décor

9 Pour changer l'arrière-plan, clique sur l'icône **paysage** située à gauche de l'**aire des lutins**. Sélectionne un nouvel arrière-plan. Nous avons choisi « moon » (qui signifie « lune » en anglais).

C'est comme un changement de décor au théâtre.

Ensuite, indique à l'ordinateur quand changer l'arrière-plan.

10 Sélectionne l'icône **Scène** située à gauche de l'**aire des lutins**. Cela te permettra de créer un script pour cette scène.

11 Crée un nouveau script avec un bloc **quand je reçois** et sélectionne « Aller sur la lune » (le dernier message envoyé par Giga). Ajoute un bloc **basculer sur l'arrière-plan** (catégorie **Apparence**) et sélectionne « moon ».

Tous les arrière-plans que tu as sélectionnés apparaissent dans ce menu déroulant.

ASSOCIER DES SCRIPTS

Tu peux associer des scripts à la SCÈNE ou aux LUTINS que tu utilises. Mais tu ne peux pas en associer à un arrière-plan.

Créer une réaction

Pour que les lutins réagissent au changement d'arrière-plan, tu peux créer un nouveau script déclenché par ce basculement.

12 Sélectionne Pico et crée un nouveau script avec un bloc **quand l'arrière-plan bascule**.

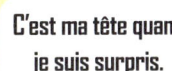

Sélectionne le nouvel arrière-plan dans le menu déroulant.

13 Pour que les évènements ne s'enchaînent pas trop rapidement, insère un bloc **attendre**. Puis ajoute un bloc **basculer sur costume** (catégorie **Apparence**) pour que Pico ait l'air surpris.

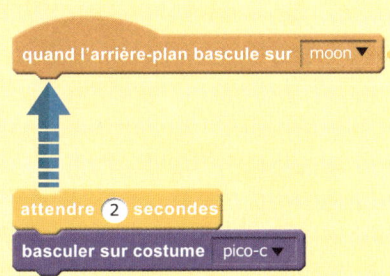

C'est ma tête quand je suis surpris.

CRÉER DES COSTUMES

Si tu ne trouves pas le costume que tu veux, tu peux utiliser les OUTILS DE DESSIN (voir page 32) pour en créer un nouveau.

1. Fais un clic droit sur un costume et duplique-le.

2. Puis clique sur l'onglet COSTUMES et dessine tes modifications.

Tu peux facilement ajouter des détails comme des sourcils froncés.

Oui, j'ai un seul œil et deux sourcils. C'est comme ça !

Imaginer une fin

14 Tu peux continuer ton dialogue et ajouter quelques changements de costumes pour terminer ton histoire.

Après avoir tapé une nouvelle phrase, ajoute un autre bloc **envoyer à tous** pour que l'autre lutin réponde.

Troisième script pour Pico

```
quand l'arrière-plan bascule sur [moon ▼]
attendre (2) secondes
basculer sur costume [pico-c ▼]
dire [OH ! Comment t'as fait ça ?] pendant (2) secondes
envoyer à tous [Giga 3 ▼]
```

On peut apparaître n'importe où… grâce à quelques blocs de code.

SuperGiga

Troisième script pour Giga

```
quand je reçois [Giga 3 ▼]
dire [J'ai dû oublier de te dire quelque chose.] pendant (2) secondes
basculer sur costume [giga-c ▼]
dire [J'ai des superpouvoirs !] pendant (2) secondes
```

Ce costume montre Giga avec un sourire malicieux.

Le débogage

Clique sur le drapeau vert pour exécuter à nouveau l'animation. Si tu l'exécutes deux fois, tu noteras que la seconde fois, elle débute avec les mauvais costumes et les mauvais arrière-plans.

LE DÉBOGAGE
Le DÉBOGAGE consiste à résoudre les problèmes, ou BUGS, qui se sont glissés dans la programmation. Il est rare de tout réussir parfaitement dès la première fois. C'est pourquoi il est très important d'apprendre à déboguer.

15 Tu peux résoudre ce problème en créant un script supplémentaire pour chaque lutin ainsi que pour la scène comme ci-contre…

Ajoute ce script pour Pico…

… celui-ci pour Giga…

… et celui-ci pour la scène.

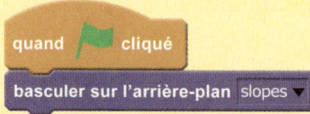

Personne n'est parfait.

D'autres idées

Tu peux ajouter d'autres éléments à ton histoire en utilisant les principes de programmation que tu as déjà appris dans ce livre. Par exemple, tu peux...

C'est pas trop tôt !

... ajouter une bande sonore (voir page 13)...

... ajouter un autre lutin...

... ou faire en sorte que ton lutin grandisse, rapetisse ou disparaisse (voir page 19).

Importer des arrière-plans

Tu peux aussi offrir à tes personnages davantage d'endroits à explorer, en important tes propres arrière-plans. Prends une photo numérique ou trouve une image qui te plaît. Mais attention, le fichier doit être au format **.jpg** ou **.png**, et sa taille ne doit pas excéder **10 Mo**.

1 Pour importer un arrière-plan, clique sur l'icône **dossier** située à gauche de l'**aire des lutins**.

FORMAT ET TAILLE DE FICHIER

Dans le nom d'un fichier, les lettres figurant après le point indiquent le type de FORMAT du fichier : .jpg et .png désignent deux types de fichier image.

La taille des fichiers se mesure en unités appelées OCTETS ou MÉGAOCTETS (Mo). 1 Mo représente un million d'octets environ. Plus un fichier est gros, plus il occupe d'espace dans la mémoire d'un ordinateur.

2 Cherche le fichier que tu veux, clique dessus, puis sur « OK ». La nouvelle image apparaîtra dans l'onglet **Arrière-plans**.

LE RECADRAGE

Si ton image n'est pas exactement de la bonne taille, cela créera un espace vide sur la scène. Pour résoudre ce problème, tu dois la RECADRER, ou la rogner, à l'aide d'un logiciel de traitement d'images comme Microsoft Paint, ou d'un logiciel de retouche photo (consulte les **Quicklinks d'Usborne** pour plus de détails).

SNIP SNIP SNIP

31

Dessine et colorie tes lutins

Tu peux créer tes propres lutins à l'aide des **outils de dessin**.
Voilà comment faire.

Commencer à dessiner

Crée un nouveau projet et supprime le chat. Clique sur l'icône **pinceau** située au-dessus de l'**aire des lutins** pour faire apparaître les **outils de dessin** (voir ci-dessous).

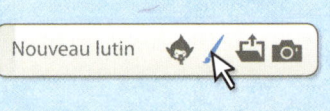

Sélectionne l'outil que tu veux utiliser en cliquant dessus. Puis clique sur l'**aire des scripts** pour commencer à dessiner.

Tout ce que tu dessines s'affiche dans l'aire des scripts (qui devient ta feuille de dessin) ET sur la scène.

Changer de mode

Scratch comporte deux modes de dessin…

Le **mode bitmap**, qui apparaît en premier. Il convient pour dessiner à main levée.

Le **mode vecteur**, qui te permet de tracer plus facilement des traits réguliers et des formes bien nettes.

Pour passer d'un mode à l'autre, clique sur le bouton de conversion.

OUTILS BITMAP

Ils apparaissent à gauche de ta feuille de dessin.

 Tracer une ligne avec la souris

 Tracer une ligne droite

 Créer un rectangle

 Créer une forme arrondie

 Insérer du texte

 Remplir une zone de couleur

 Effacer

 Sélectionner une zone

 Copier une zone

OUTILS VECTEUR

Ils apparaissent à droite de ta feuille de dessin.

 Sélectionner un objet

 Modifier la forme (en faisant glisser des points)

 Tracer une ligne avec la souris

 Tracer une ligne droite

 Créer un rectangle

 Créer une forme arrondie

 Insérer du texte

 Colorier une forme

 Copier une zone

AUTRES OUTILS VECTORIELS

D'autres outils apparaissent quand tu commences à dessiner.

 Avancer d'un plan

 Reculer d'un plan

 Grouper

OUTILS COMMUNS

Ils apparaissent au-dessus et en dessous de la feuille de dessin.

Annuler / Rétablir

Choisis le style de remplissage plein ou encadré.
Encadré / Plein

Largeur de la ligne

Déplace le curseur pour obtenir une ligne plus épaisse ou plus fine.

Sélectionne une COULEUR en cliquant dessus. Ton choix apparaît ici.

Tu peux passer d'un sélecteur de couleurs à l'autre en cliquant ici.

Fais descendre le curseur pour obtenir une teinte plus sombre.

Rogner les bords / Définir le centre

Retourner le dessin

Zoom avant / Zoom arrière
Zoom

Robot bitmap

1 Clique sur le **pinceau**, choisis un trait assez fin et dessine un contour. Fais un **zoom avant** pour agrandir et mieux voir les détails.

2 Sélectionne l'outil de **remplissage**. Clique sur une couleur, puis sur une forme pour la remplir. Assure-toi que le contour est bien fermé, sinon la couleur va déborder ! En cas d'erreur, clique sur **annuler**.

3 Pour modifier la taille de ton dessin, clique sur l'outil **sélectionner**, puis utilise le pointeur de ta souris pour créer un cadre autour de ton dessin. Ensuite, tu peux l'agrandir ou le réduire en déplaçant les coins.

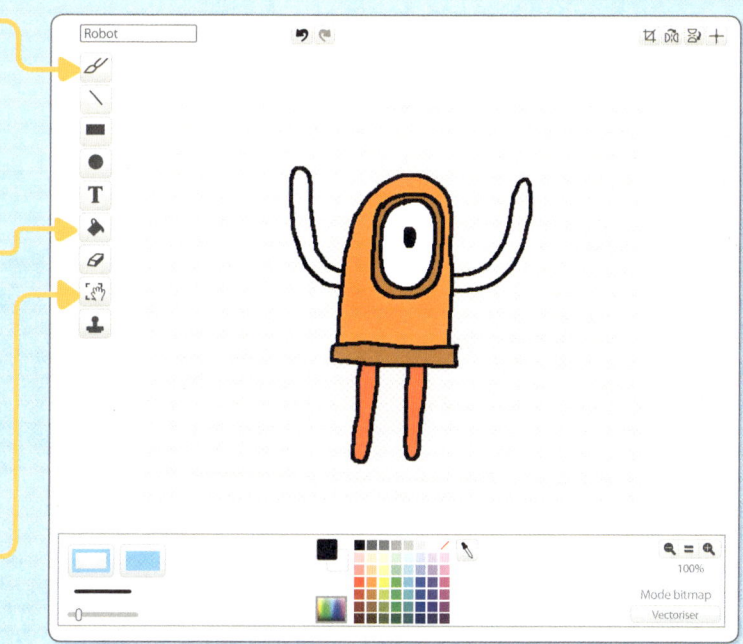

Sauvegarder ton lutin

Tu peux sauvegarder ton nouveau lutin sur ton ordinateur ou le conserver dans ton **Sac à dos** (si tu possèdes un compte Scratch en ligne), prêt à être utilisé dans n'importe quel projet. Va page 80 pour en savoir plus à propos de la sauvegarde.

Voiture de course vectorielle

1 En mode vecteur, clique sur l'outil **rectangle** et sélectionne le style de remplissage **plein**. Puis choisis une couleur pour ta voiture.

2 Dessine un grand rectangle pour la partie principale de ta voiture. Ajoute un rectangle étroit à l'avant et un autre plus large à l'arrière, comme ceci.

3 Dessine des rectangles noirs pour les roues avant et arrière. Clique sur l'outil **dupliquer**, puis sur la roue pour en faire deux de chaque. Utilise l'outil **sélectionner** pour les mettre en place.

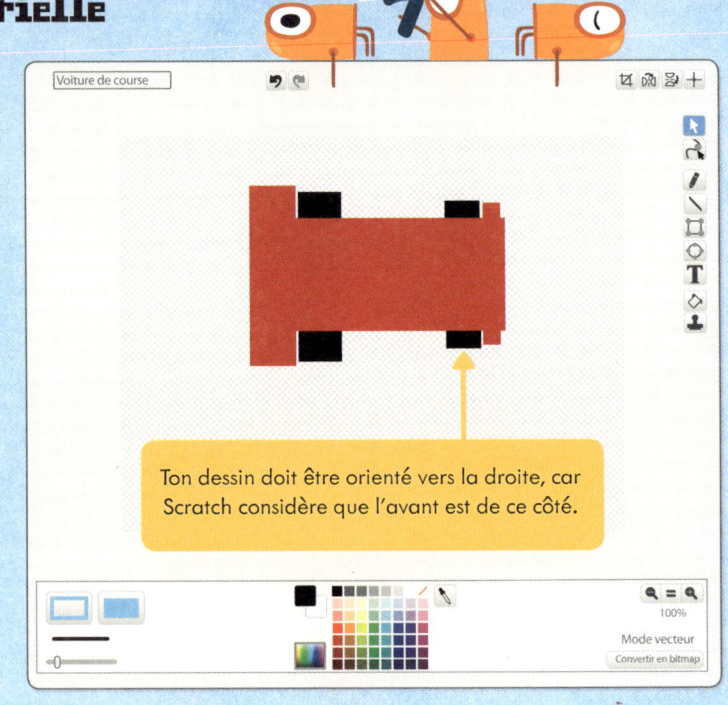

Ton dessin doit être orienté vers la droite, car Scratch considère que l'avant est de ce côté.

Ajouter des détails

1 Tu peux ajouter d'autres rectangles en guise de pare-brise et d'habitacle. Utilise l'outil **colorier une forme** pour changer la couleur de n'importe quelle partie de ta voiture.

2 Tu peux aussi ajouter un pilote à l'aide d'une forme arrondie, appelée **ellipse**. Utilise les boutons **avancer** ou **reculer d'un plan** pour mettre les formes au premier plan ou les envoyer à l'arrière-plan.

3 Pour terminer, tu peux ajouter un pot d'échappement à l'arrière de ta voiture.

Une fois que tu as terminé, sauvegarde ton dessin pour pouvoir l'utiliser plus tard.

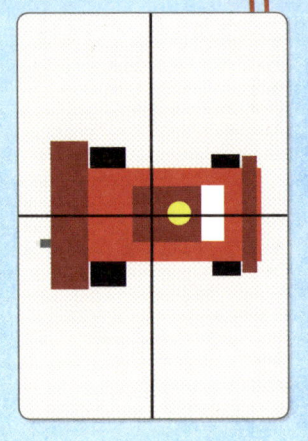

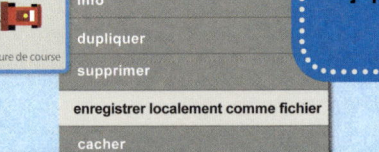

UTILISER TES PROPRES LUTINS

Les lutins réalisés sur ces pages seront utilisés plus tard dans le livre. Mais avant de te servir d'un lutin que tu as créé, tu dois définir son centre, pour que l'ordinateur puisse le positionner correctement.

Clique sur le bouton DÉFINIR LE CENTRE DU COSTUME. Un repère en forme de croix apparaît à l'écran. Déplace les lignes de façon à sélectionner le point dans le dessin qui deviendra son centre.

Par ailleurs, si tu as envie d'utiliser des versions déjà prêtes, tu peux les télécharger à partir du site Quicklinks d'Usborne.

Monstre vectoriel

1 En mode vecteur, clique sur l'outil **ellipse** et sélectionne le style de remplissage **encadré**. Puis choisis une couleur pour ton monstre.

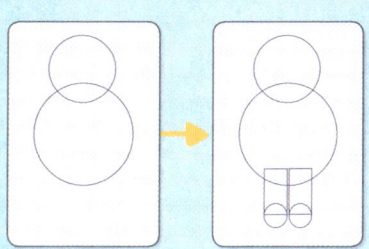

2 Commence par dessiner un grand cercle pour le corps et un autre plus petit pour la tête. Tu peux dessiner des jambes à l'aide de rectangles et de cercles.

3 Sélectionne l'outil **colorier une forme** et colorie toutes les formes. Ajoute un cercle blanc avec un petit rond noir en son centre, pour faire un œil.

4 Pour les cornes, commence par un rectangle vert. Clique sur l'outil **redessiner** et étire les bords de façon à obtenir une forme de corne. Utilise ensuite l'outil **dupliquer** (en forme de tampon) pour créer une autre corne, puis clique sur le bouton **retournement horizontal**, en haut, pour la retourner dans l'autre sens.

ATTENTION !

Tu peux utiliser les modes bitmap et vecteur sur la même image, mais lorsque tu convertis une image vectorielle en bitmap, les lignes pourront sembler floues. De plus, une fois le dessin converti, tu ne pourras plus modifier les formes, même si tu reviens au mode vectoriel par la suite.

5 Clique sur l'outil **sélectionner** et mets chaque corne en place. Pour finir, tu peux ajouter une bouche et des bras à l'aide de l'outil **crayon**.

Une fois que tu as terminé, sauvegarde ton dessin pour pouvoir l'utiliser plus tard.

Devine le nombre caché

Demande à l'ordinateur de penser à un nombre secret, puis essaie de le deviner le plus rapidement possible.

Pour ce jeu, tu devras utiliser les blocs de commande de la catégorie **Opérateurs**. Les blocs Opérateurs servent à « exécuter » ou faire des choses à partir de variables – surtout des calculs. Dans Scratch, les blocs Opérateurs sont toujours insérés dans d'autres blocs ; ils ne sont jamais utilisés seuls.

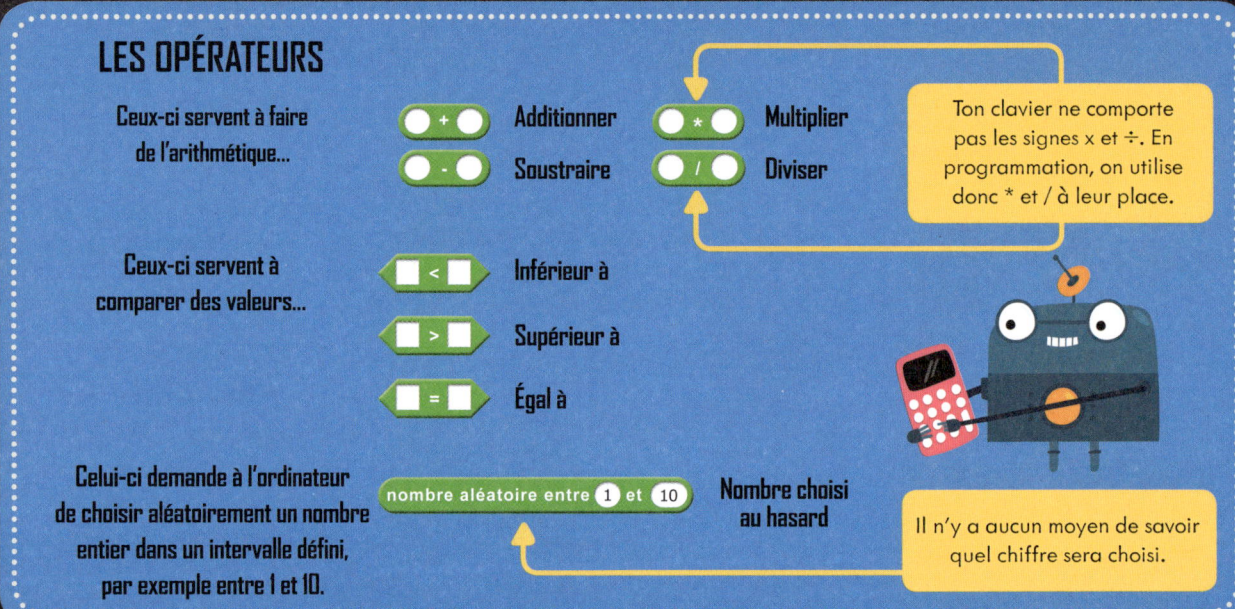

1 Crée un nouveau projet, supprime le chat et choisis un lutin. Puis crée une nouvelle variable nommée « nombre secret » dans la catégorie **Données**.

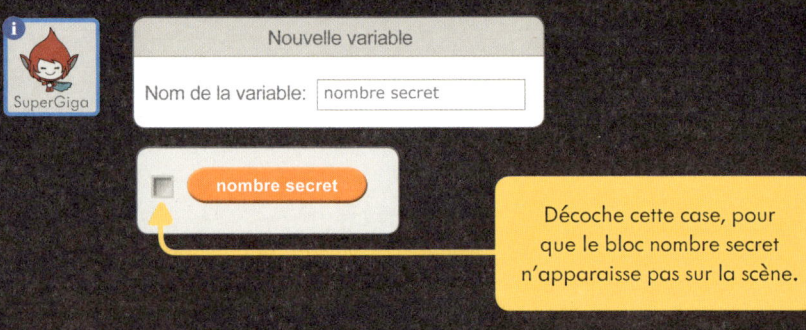

Décoche cette case, pour que le bloc nombre secret n'apparaisse pas sur la scène.

2 Demande à l'ordinateur d'attribuer une valeur aléatoire au nombre secret à chaque fois que tu joues.

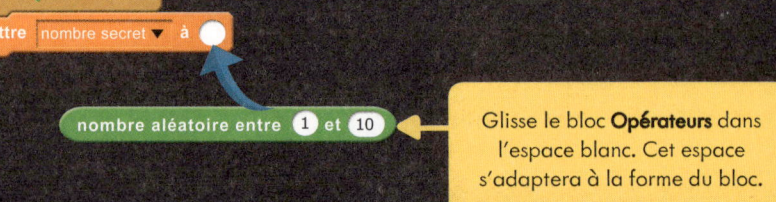

Glisse le bloc **Opérateurs** dans l'espace blanc. Cet espace s'adaptera à la forme du bloc.

Planifier ton code

La partie suivante est plus compliquée. Avant de poursuivre ton script, mieux vaut donc établir un plan. Pour cela, tu dois déterminer exactement ce que ton programme doit faire dans chaque éventualité.

Dans ce cas, tu dois te poser ces questions :

- Qu'est-ce qui se passe si je devine la bonne réponse ?
- Qu'est-ce qui se passe si mon chiffre est trop grand ?
- Qu'est-ce qui se passe si mon chiffre est trop petit ?

Tu peux mettre ton plan au clair sous forme d'organigramme de programmation, un schéma montrant la progression de ton code étape par étape, comme ceci :

ÉTABLIR UN PLAN

Tous les programmeurs planifient leurs projets. Plus tu es organisé avant de commencer, moins tu risques de te retrouver avec des bugs.

LES ORGANIGRAMMES DE PROGRAMMATION

En principe, il faut toujours les établir de la même façon, avec chaque étape dans une case à part et des flèches indiquant dans quel sens aller.

Utilise des ovales pour le DÉBUT et la FIN, des rectangles pour les étapes ordinaires et des losanges pour indiquer où il y a une DÉCISION à prendre.

DÉBUT → Le lutin choisit un nombre secret. → Le lutin demande au joueur de deviner ce nombre. → Le joueur tape son chiffre. → Est-ce le bon chiffre ?
- OUI → Le lutin dit : « Bingo ! » → **FIN**
- NON → Le chiffre proposé est-il trop grand ?
  - OUI → Le lutin dit : « C'est moins ! » → (retour à « Le lutin demande au joueur de deviner ce nombre. »)
  - NON → Si le chiffre proposé n'est ni le bon ni trop grand, il est alors forcément trop petit. Le lutin dit : « C'est plus ! » → (retour à « Le lutin demande au joueur de deviner ce nombre. »)

Il est temps de mettre ton plan en œuvre...

3 Prends un bloc **demander** de la catégorie **Capteurs**. Clique sur la case blanche pour taper ta question.

Puis clique sur le bloc. Tu dois voir le lutin poser ta question, et une case réponse apparaître en dessous.

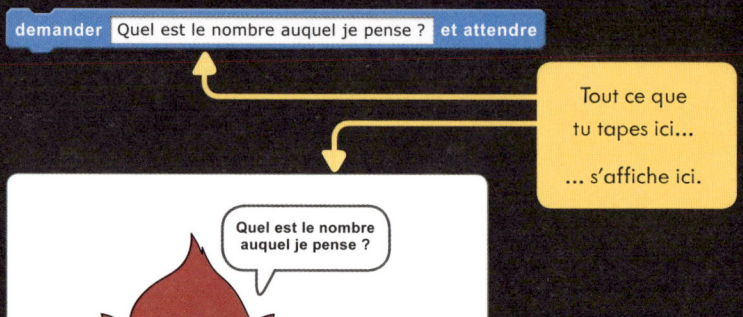

4 Prends un bloc **égal à** de la catégorie **Opérateurs**. Insères-y un bloc **réponse** (catégorie **Capteurs**) d'un côté et ta variable « nombre secret » de l'autre.

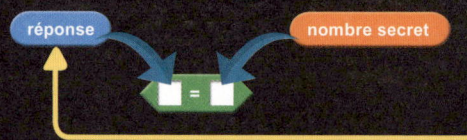

« **Réponse** » est tout simplement une autre variable qui enregistre ce que tu tapes dans la case réponse au cours du jeu.

5 Insère ce bloc combiné dans un bloc **si/alors**. Tu peux maintenant décider ce qui se produit *si* la réponse est correcte.

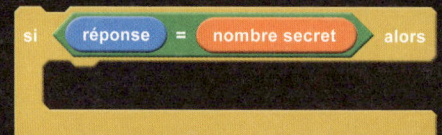

Ce qui se passe quand tu devines la *bonne réponse* s'insère ici.

6 Ajoute ces deux blocs pour dire « Bingo ! » et arrêter le jeu si ta réponse correspond au nombre secret.

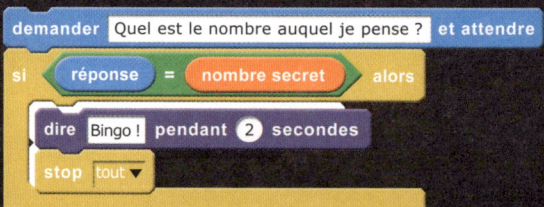

38

7 Si la réponse est incorrecte, utilise un bloc **si/sinon** pour indiquer si le nombre secret est plus grand ou plus petit.

Insère ici ce qui se passe quand ta réponse est *incorrecte*.

Assemble ce bloc de la même façon que précédemment, mais en utilisant le bloc **inférieur à** de la catégorie **Opérateurs**.

Si le chiffre deviné est trop petit, le lutin dira : *« C'est plus ! »*

Si le chiffre deviné n'est pas trop petit (mais pas non plus le bon), alors il est forcément trop grand. Le lutin dira donc : *« C'est moins ! »*

8 Ajoute une boucle **répéter** pour indiquer le nombre de tentatives dont tu disposes pour deviner le nombre secret.

Combine toutes les sections en un seul script, comme ceci, et teste ton programme.

Cette boucle répéter t'accorde 5 tentatives. Maintenant, à toi de deviner la bonne réponse le plus vite possible !

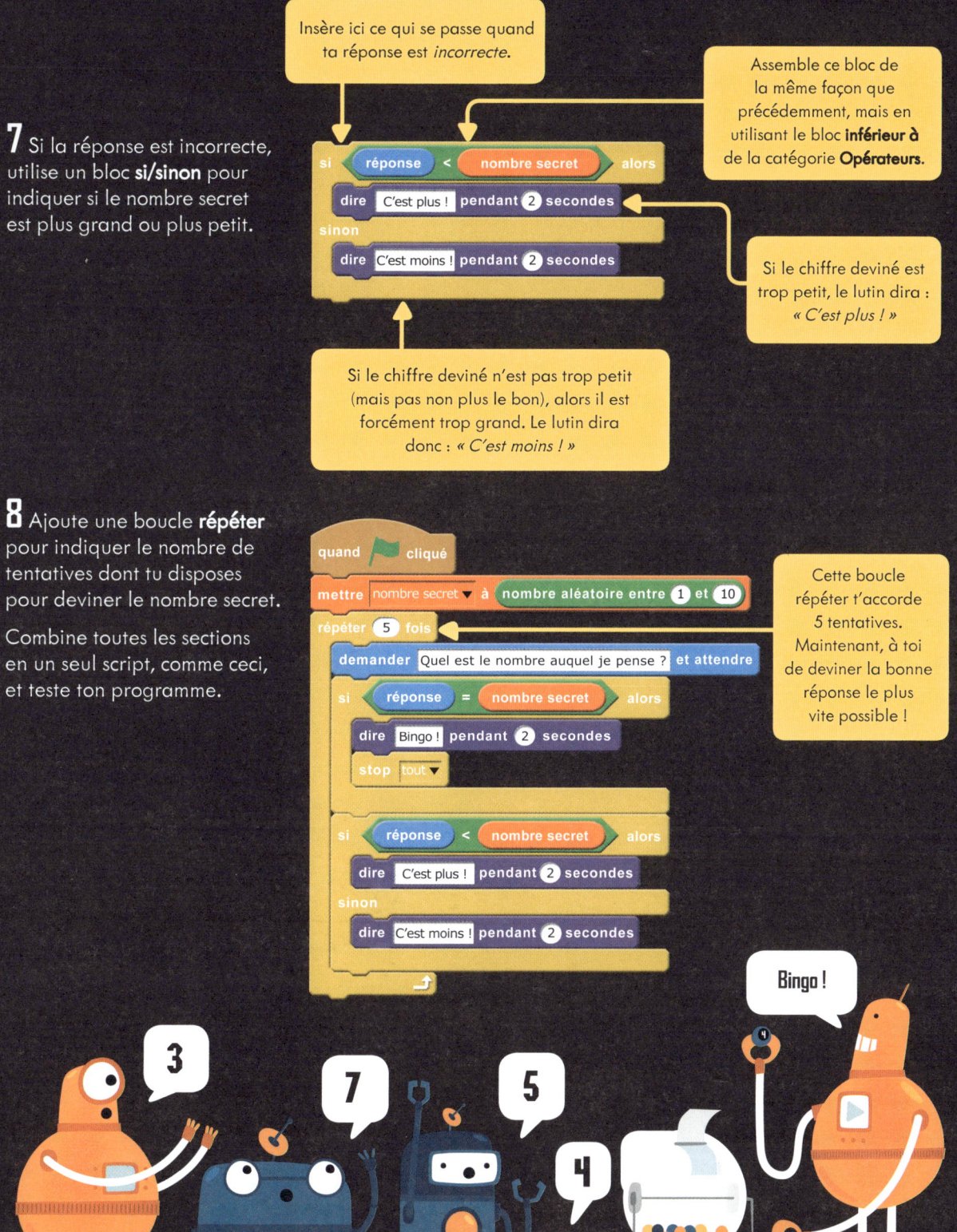

Bingo !

Le jeu de pong

Crée un jeu de pong à l'aide de deux lutins et essaie de maintenir la balle en l'air le plus longtemps possible.

1 Crée un nouveau projet et supprime le chat. Clique sur l'icône **lutin** pour ouvrir la **Bibliothèque des lutins** et ajoutes-en deux nouveaux.

Ce sera la raquette.

Script de la raquette

2 Sélectionne la raquette dans l'**aire des lutins** et crée le script ci-contre pour définir sa position. Une ordonnée **y** basse (position verticale) maintient la raquette en bas de la scène. Fais en sorte que l'abscisse **x** (position horizontale) suive ta souris en utilisant un bloc **souris x** (catégorie **Capteurs**).

-150 correspond presque au bas de la scène.

Lorsque ta souris se déplacera d'un côté à l'autre, la raquette la suivra.

3 Pour que la raquette réagisse à la balle, prends un bloc **si/alors**. Définis la condition **si** avec un bloc **touché** (catégorie **Capteurs**) et sélectionne « Ball » dans le menu déroulant.

4 Si la raquette touche la balle, cela doit déclencher une réaction. Ajoute un bloc **envoyer à tous** (catégorie **Evènements**), puis insère le tout dans ta boucle **répéter indéfiniment**, comme ci-contre.

Sélectionne « nouveau message » dans le menu déroulant et tape « rebondir ».

Script de la balle

5 Sélectionne la balle. Fais-la partir du milieu, orientée vers la raquette.

Sélectionne « Paddle » pour que la balle se dirige vers la raquette.

40

6 Ajoute une boucle **répéter jusqu'à** pour que la balle reste en jeu jusqu'à ce que tu la rates. Si tu la rates, l'**ordonnée y** descendra en dessous de -150, ce que tu peux indiquer à l'aide d'un bloc **inférieur à** (catégorie **Opérateurs**).

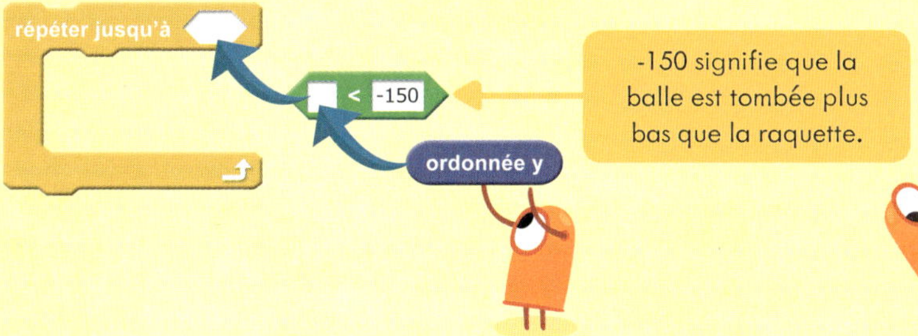

-150 signifie que la balle est tombée plus bas que la raquette.

7 Insère ces deux blocs **Mouvement** à l'intérieur de la boucle, pour que la balle continue à se déplacer et rebondisse quand elle heurte un bord.

Ajoute un bloc **stop tout** (catégorie **Contrôle**) pour arrêter le jeu si tu rates la balle.

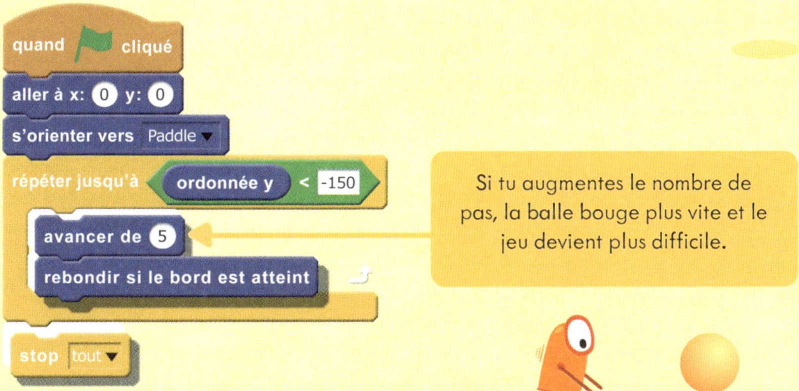

Si tu augmentes le nombre de pas, la balle bouge plus vite et le jeu devient plus difficile.

8 Pour que la balle réagisse à la raquette, crée un nouveau script avec un bloc **quand je reçois**.

Si la balle touche la raquette, elle doit rebondir. Fais-la repartir de la raquette avec un bloc **donner la valeur... à y**, et renvoie-la dans une autre direction avec un bloc **s'orienter à** (catégorie **Mouvement**). Utilise un bloc **moins** (catégorie **Opérateurs**) et une variable **direction** (catégorie **Mouvement**) pour terminer ton script.

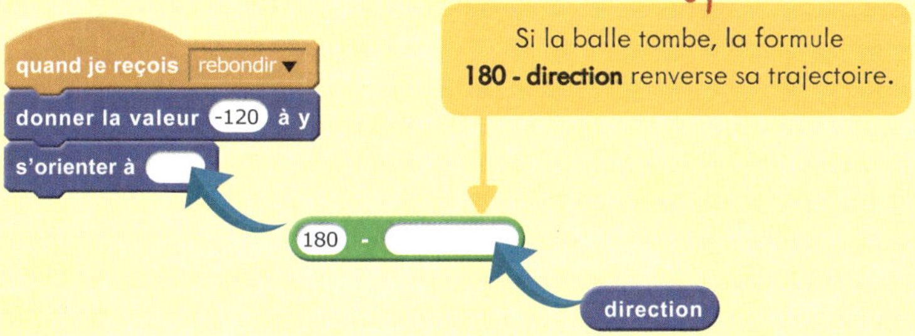

Si la balle tombe, la formule **180 - direction** renverse sa trajectoire.

LA DIRECTION
Dans Scratch, tu définis une direction à l'aide de nombres représentant des degrés.
0 degré = vers le haut
-90 degrés = à gauche   90 degrés = à droite
180 degrés = vers le bas

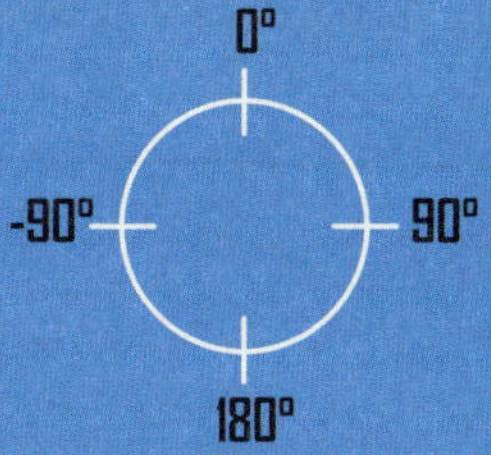

0°
-90°   90°
180°

Teste ton jeu
9 Teste ton script. Combien de temps peux-tu garder la balle en jeu ?

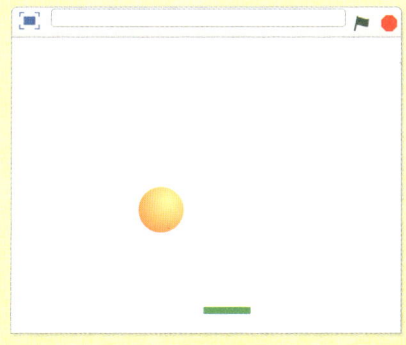

Tourne la page pour découvrir comment modifier la vitesse de la balle et ajouter un écran « Game Over ».

Plus vite !

Tu vas découvrir ici comment faire bouger la balle plus vite et ajouter un écran « Game Over » en fin de jeu.

Créer une variable

Utilise une **variable** pour augmenter la vitesse de la balle à chaque fois qu'elle heurte la raquette.

1 Sélectionne la catégorie **Données** et clique sur « Créer une variable ». Laisse la case « Pour tous les lutins » cochée. Tape « vitesse » dans la fenêtre qui apparaît : une série de blocs de commande de la nouvelle variable « vitesse » apparaîtront.

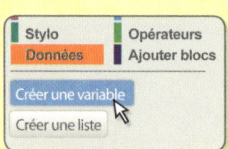

GESTION DES DONNÉES

Les ordinateurs savent très bien gérer les données (l'information) tant qu'elles sont étiquetées correctement. Il y a deux moyens de le faire : les VARIABLES, comme ici, et les LISTES – que tu découvriras page 58.

Augmenter la vitesse

2 Sélectionne la balle. Définis sa vitesse de départ en ajoutant un bloc **mettre variable à** (catégorie **Données**), juste avant la boucle **répéter** du script principal.

3 Pour appliquer la vitesse au déplacement de la balle, remplace le nombre du bloc **avancer** par la variable **vitesse**.

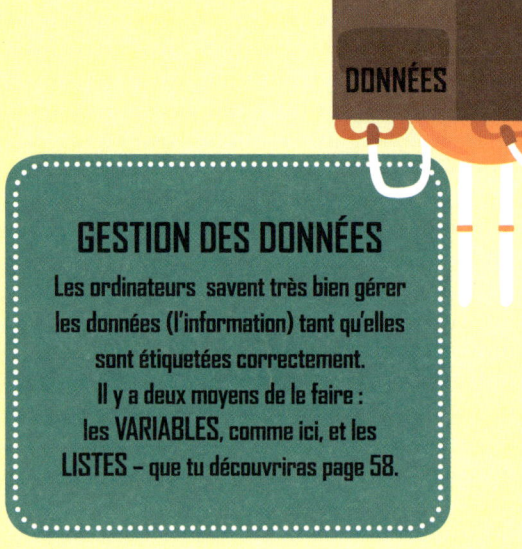

Sélectionne « vitesse » dans le menu déroulant et entre un chiffre peu élevé pour commencer.

Maintenant, rejoues-y. Combien de temps arrives-tu à tenir avant que la balle n'aille trop vite ?

4 Dans le script qui commence par **quand je reçois**, insère un bloc **ajouter à variable** (et sélectionne « vitesse » dans le menu déroulant) afin que la vitesse de la balle s'accélère à chaque fois qu'elle touche la raquette.

Game Over

Si tu veux, tu peux ajouter un écran « Game Over ».

1 Sélectionne le lutin-balle. Remplace le bloc **stop tout** par un bloc **envoyer à tous**, pour que la balle envoie un message quand elle heurte le bas de la scène.

Sélectionne « nouveau message » dans le menu déroulant et nomme-le « Game Over ».

Créer un écran « Game Over »

2 Ensuite, crée un nouveau lutin en cliquant sur l'icône **pinceau**. Les **outils de dessin** s'afficheront à l'écran.

3 Clique sur le **T** (outil de texte), puis sur l'écran. Sélectionne une couleur et choisis une police de caractères dans le menu déroulant situé à gauche de la palette de couleurs. Enfin, tape « GAME OVER ».

Retourne page 32 pour plus d'informations sur les outils de DESSIN.

Clique sur ton texte : un cadre apparaît tout autour. Agrandis ou réduis ce cadre pour modifier la taille de ton texte.

Ajouter le script

4 Vérifie que le nouveau lutin est bien sélectionné dans l'**aire des lutins**, puis clique sur l'onglet **Scripts**. Utilise un bloc **cacher** pour masquer ce lutin en début de jeu.

5 Crée un autre script pour que le lutin apparaisse quand il reçoit le message « Game Over ».

6 Ajoute une boucle **répéter**, avec des blocs **ajouter à l'effet** et **attendre**, pour que le lutin clignote. Termine avec un bloc **stop tout**.

CHANGER DE COULEUR

Dans Scratch, à chaque couleur correspond un nombre particulier. Donc en changeant le nombre, tu modifies la couleur.

Crée des motifs

Tu peux reproduire des copies identiques de lutins, appelées **clones**, et les utiliser pour créer des motifs qui se répètent de façon régulière.

1 Crée un nouveau projet, supprime le chat et sélectionne un lutin tout simple. Clique sur le bouton **réduire** tout en haut de l'écran, puis clique plusieurs fois sur ton lutin.

2 Commence par les blocs ci-contre pour placer ton lutin au centre de la scène, tourné vers la droite, et vider la scène chaque fois que tu cliques sur le drapeau vert.

Créer des clones

3 Dans la catégorie **Contrôle**, prends un bloc **créer un clone**. Sélectionne « moi-même » dans le menu déroulant. Insère ce bloc dans une boucle **répéter** pour obtenir 8 clones identiques, et ajoute cette boucle à la fin de ton script.

4 Puis ajoute un bloc **cacher** (catégorie **Apparence**), pour que ton lutin d'origine disparaisse et que seuls les clones soient visibles.

5 Pour commander tes clones, tu dois les numéroter et t'assurer que les chiffres partent toujours de 0.

Dans la catégorie **Données**, crée une nouvelle variable appelée « numéro de clone ». Décoche la case pour que la variable n'apparaisse pas sur la scène. Ensuite insère un bloc **mettre variable à** juste après le début, comme indiqué ci-contre.

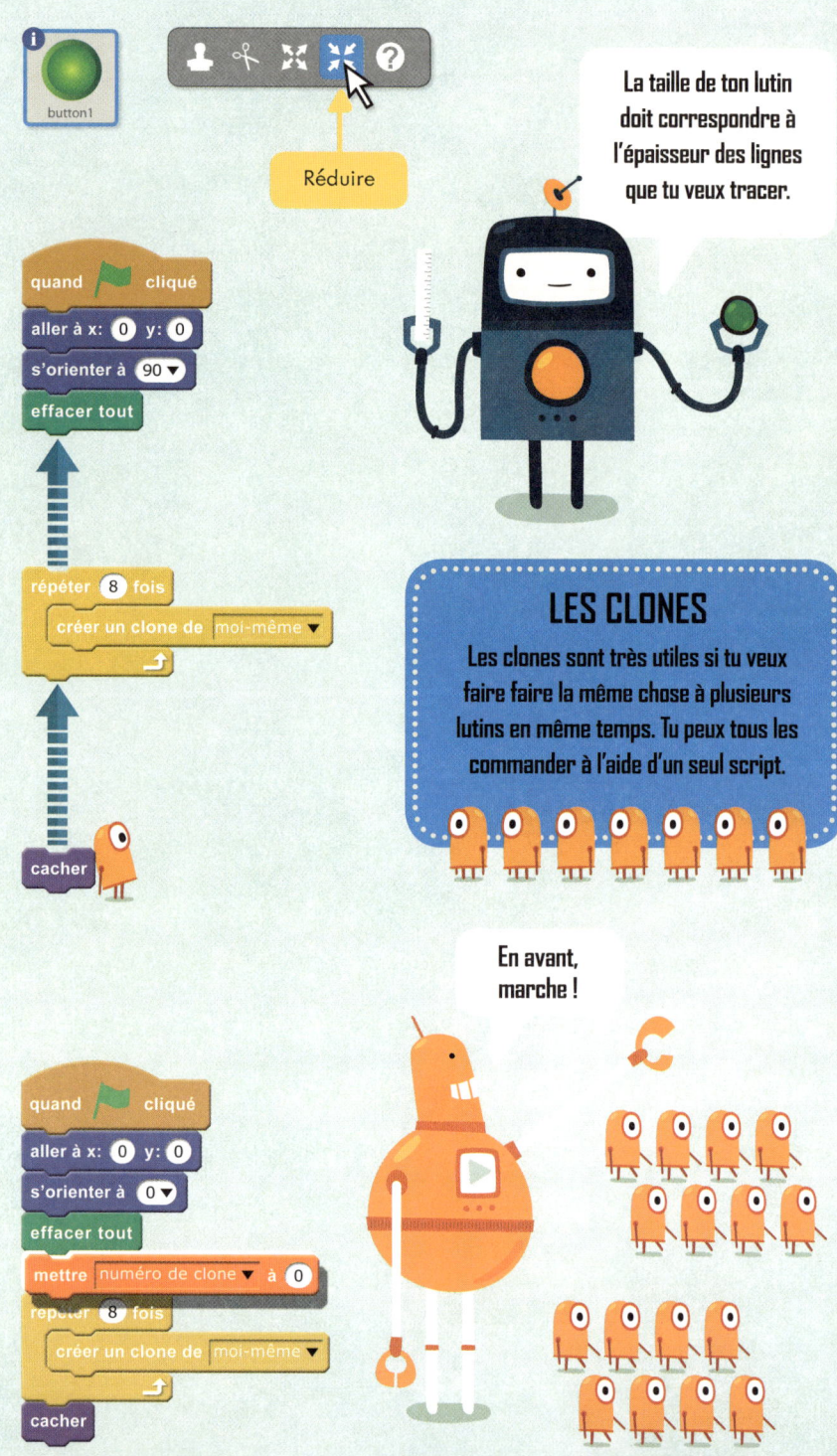

Réduire

La taille de ton lutin doit correspondre à l'épaisseur des lignes que tu veux tracer.

LES CLONES

Les clones sont très utiles si tu veux faire faire la même chose à plusieurs lutins en même temps. Tu peux tous les commander à l'aide d'un seul script.

En avant, marche !

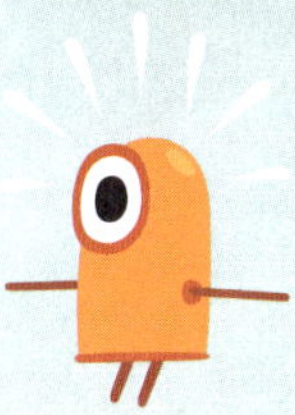

Gérer tes clones

1 Crée un nouveau script avec **quand je commence comme un clone** (catégorie **Contrôle**). Tous les clones suivront ces instructions quand ils apparaîtront, à partir du bloc **montrer** (catégorie **Apparence**).

```
quand je commence comme un clone
montrer
```

Ce bloc fait apparaître les clones sur la scène. Ils partiront tous du même endroit.

2 Commence par positionner tes clones. Prends un bloc **multiplier** (catégorie **Opérateurs**) et insères-y un bloc **numéro de clone**. Insère le tout dans un bloc **tourner** (catégorie **Mouvement**) et ajoute un bloc **avancer.**

```
numéro de clone
(0) * (0)
tourner ↻ de ((numéro de clone) * (45)) degrés
avancer de (20)
```

Entre « 45 degrés » et « 20 pas » pour que tes clones se positionnent en cercle, comme ceci.

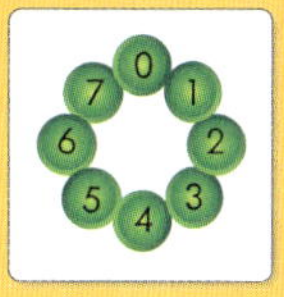

3 Ajoute un bloc **ajouter à variable**, pour que chaque clone supplémentaire se voit attribuer un nouveau numéro.

```
ajouter à [numéro de clone ▾] (1)
```

Sélectionne « numéro de clone » et tape 1 dans la case.

Et maintenant, fais-les dessiner…

4 En dessous, ajoute une boucle **répéter indéfiniment**, avec un bloc **si/alors** à l'intérieur (catégorie **Contrôle**). Définis la condition **si** grâce à un bloc **touche pressée** (catégorie **Capteurs**) et sélectionne « flèche haut ». Puis insère les blocs **avancer, estampiller** (catégorie **Stylo**) et **ajouter à l'effet** (catégorie **Apparence**).

```
répéter indéfiniment
  si <touche [flèche haut ▾] pressée?> alors
    avancer de (5)
    estampiller
    ajouter à l'effet [couleur ▾] (5)
```

Quand tu presses sur la flèche haut, chaque clone trace une ligne.

Cette commande « estampille » une image de chaque clone sur la scène.

Sélectionne « couleur » pour que la couleur change continuellement.

5 Pour commander leurs mouvements latéraux, insère deux autres blocs **si/alors** dans la boucle **répéter indéfiniment.** Insères-y des blocs **touche pressée** pour les flèches gauche et droite, et ajoute des blocs **tourner** (catégorie **Mouvement**), comme ci-contre.

```
si <touche [flèche gauche ▾] pressée?> alors
  tourner ↺ de (15) degrés

si <touche [flèche droite ▾] pressée?> alors
  tourner ↻ de (15) degrés
```

Sers-toi des touches flèches pour dessiner. Tout ce que tu feras sera répété huit fois.

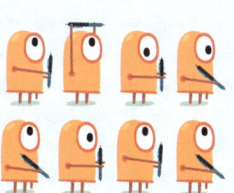

Enfin, clique sur le drapeau vert pour exécuter ton script.

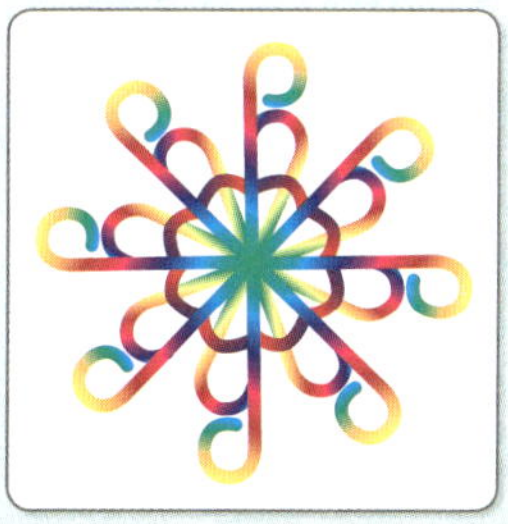

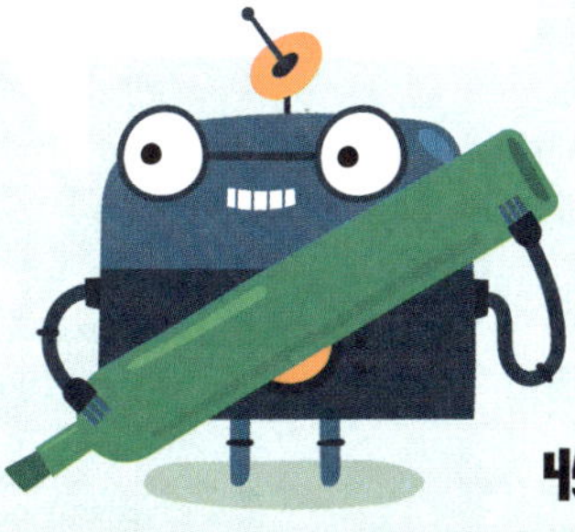

Ton animal virtuel

Grâce à Scratch, tu peux créer ton propre animal de compagnie virtuel et t'occuper de lui.

Créer un animal de compagnie

1 Crée un nouveau projet, supprime le chat et choisis un lutin pour en faire ton animal de compagnie. Tu peux aussi en dessiner un toi-même ou utiliser l'un de ceux proposés sur le site **Quicklinks d'Usborne**. N'oublie pas de copier aussi ses différents costumes (voir la liste ci-contre).

2 Ajoute un arrière-plan pour que ton animal de compagnie dispose d'un univers à lui. Tu peux en importer un de ta création ou en utiliser un proposé par Scratch ou sur le site **Quicklinks d'Usborne**.

3 Pour t'assurer que ton animal commence avec le bon costume et au bon endroit, utilise un **drapeau vert** suivi des blocs **basculer sur costume** (catégorie **Apparence**) et **aller à x y** (catégorie **Mouvement**).

DE QUOI AS-TU BESOIN ?

Pour animer ton animal, tu vas avoir besoin de tous ces lutins :
- un animal de compagnie
- un haut-parleur (avec 2 costumes)
- une plume
- une gamelle

Ton animal a besoin des costumes suivants :
- normal
- en train de danser x 2
- en train de manger
- en train de dormir
- en train de glousser/ de se faire chatouiller x 2

Tu trouveras toute une série de lutins et de costumes adaptés à ce projet sur le site **www.usborne.com/quicklinks/fr**.

Il s'agit de son costume « normal ».

Ces coordonnées placent ton animal de compagnie au centre de la scène.

À table !

1 Ajoute un autre lutin en guise de repas pour ton animal. Fais-le glisser dans un coin de la scène. Prends note de ses coordonnées (elles apparaissent en dessous de la scène) pour l'étape 3, à la page suivante.

Le costume « en train de manger » doit correspondre à l'aliment que tu as choisi.

2 Sélectionne le repas de ton animal dans l'**aire des lutins** et crée ce script à l'aide de blocs de la catégorie **Evènements**. Dans le bloc **envoyer à tous**, sélectionne « nouveau message » et nomme-le « viens manger ».

3 Sélectionne ton animal de compagnie dans l'**aire des lutins** et commence un nouveau script par **quand je reçois**. Ajoute un bloc **glisser** (catégorie **Mouvement**) pour qu'il se dirige vers sa nourriture.

4 Quand ton animal rejoint sa nourriture, utilise un bloc **basculer sur costume** pour le montrer en train de manger. Tu peux également ajouter un son et un bloc **dire**. N'oublie pas de sélectionner le son dans la **Bibliothèque des sons**, et d'ajouter un bloc **jouer le son**.

5 Ensuite, bascule à nouveau sur le costume initial de ton animal de compagnie et renvoie-le à sa position de départ.

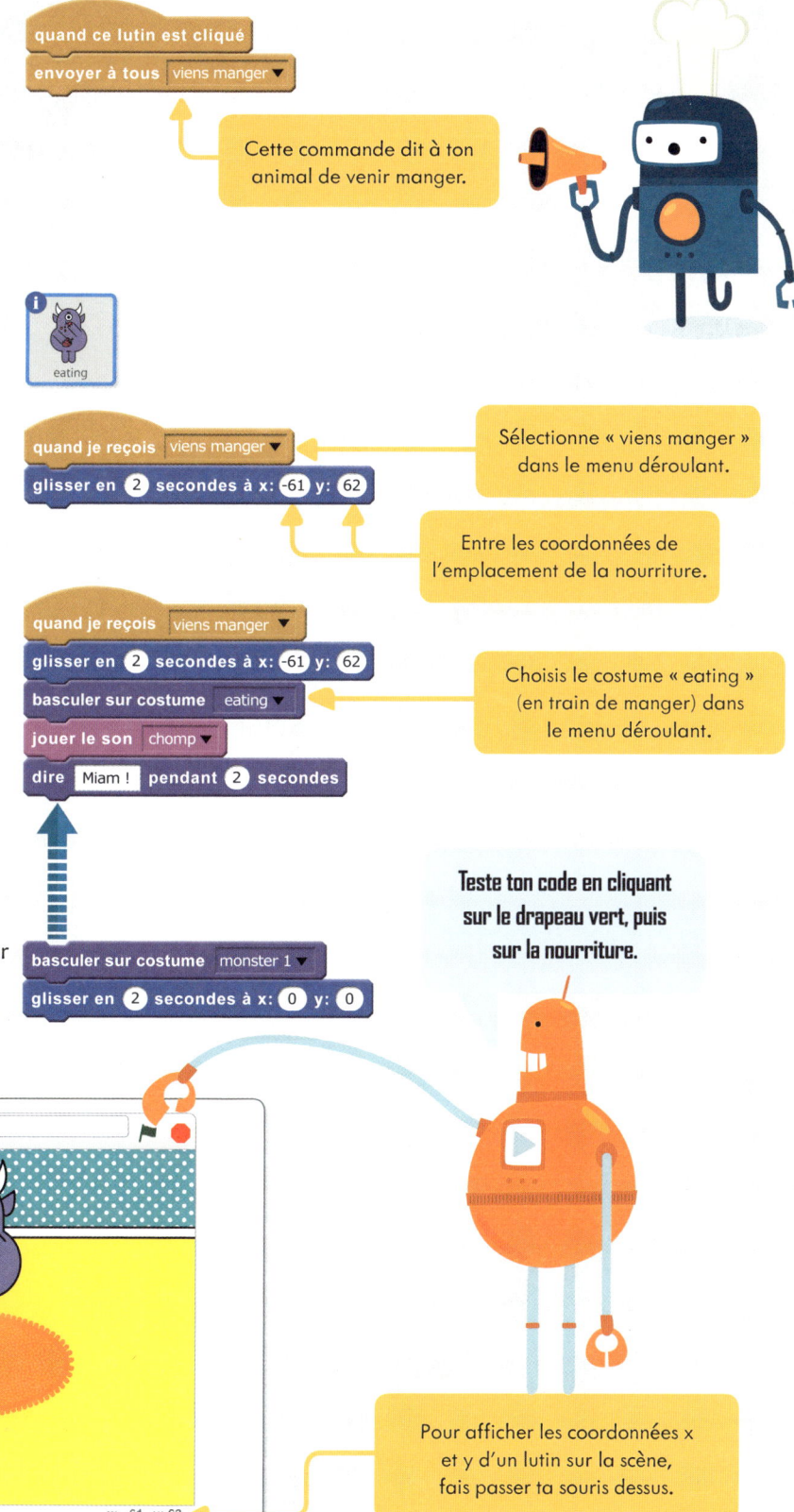

47

Chatouille-moi

1 Pour chatouiller ton animal, ajoute un autre lutin : ici, nous utilisons une plume (Feather). Fais glisser ce nouveau lutin dans un autre coin de la scène.

Tu peux dessiner ta propre plume ou utiliser celle du kit de démarrage Usborne.

2 Sélectionne la plume dans l'**aire des lutins** et crée ce script à l'aide de blocs de la catégorie **Evènements**. Dans le bloc **envoyer à tous**, sélectionne « nouveau message » et nomme-le « chatouiller ».

3 Reviens à ton animal de compagnie et commence un nouveau script par **quand je reçois**, suivi d'un bloc **glisser** pour que ton animal se dirige vers la plume. Puis ajoute un bloc **basculer sur costume**.

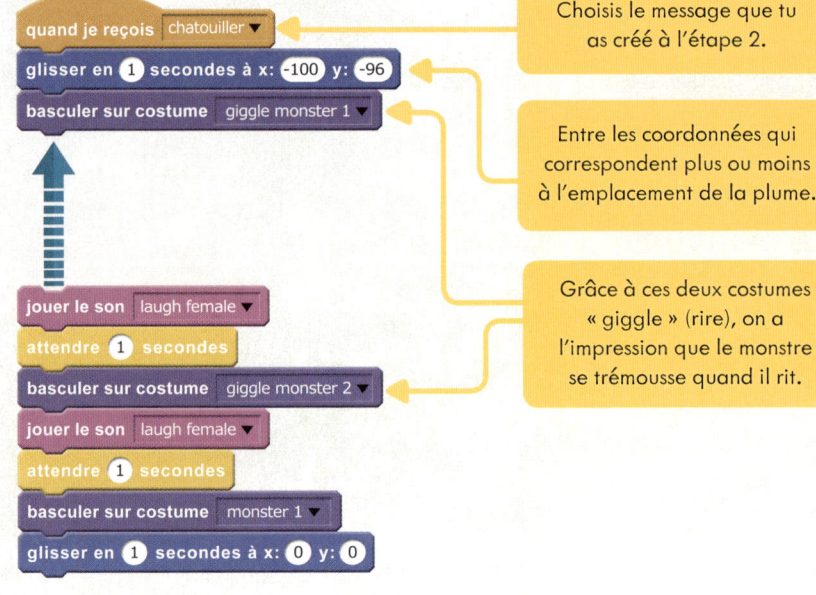

Choisis le message que tu as créé à l'étape 2.

Entre les coordonnées qui correspondent plus ou moins à l'emplacement de la plume.

4 Ajoute un rire (ici un rire de femme) à l'aide d'un bloc **jouer le son** combiné à un bloc **attendre** et un bloc **basculer sur costume**. Ajoute un autre rire combiné à un bloc **attendre** et un bloc **basculer sur costume**, pour revenir au costume initial. Enfin, renvoie ton animal à sa position de départ.

Grâce à ces deux costumes « giggle » (rire), on a l'impression que le monstre se trémousse quand il rit.

Dansons !

1 Pour faire danser ton animal, ajoute un lutin musical. Nous avons dessiné un haut-parleur et nous lui avons donné un costume supplémentaire, avec des petits traits représentant le son qui en sort. Fais-le glisser dans un autre coin de la scène.

2 Sélectionne le haut-parleur dans l'**aire des lutins** et crée un nouveau script comme ceci.

3 En gardant le haut-parleur sélectionné, crée un autre script pour envoyer un nouveau message nommé « viens danser ».

4 Pour la musique, ajoute un bloc **jouer le son** et choisis une mélodie qui te plaît dans la **Bibliothèque des sons**. Pour terminer, envoie à tous « arrête de danser ».

5 Pour que le haut-parleur montre qu'il diffuse de la musique, commence un autre script par **quand je reçois**, suivi d'une boucle **répéter indéfiniment** alternant des blocs **attendre** et **basculer sur costume**.

6 Ajoute le script ci-contre, pour que la danse et la musique s'arrêtent en même temps.

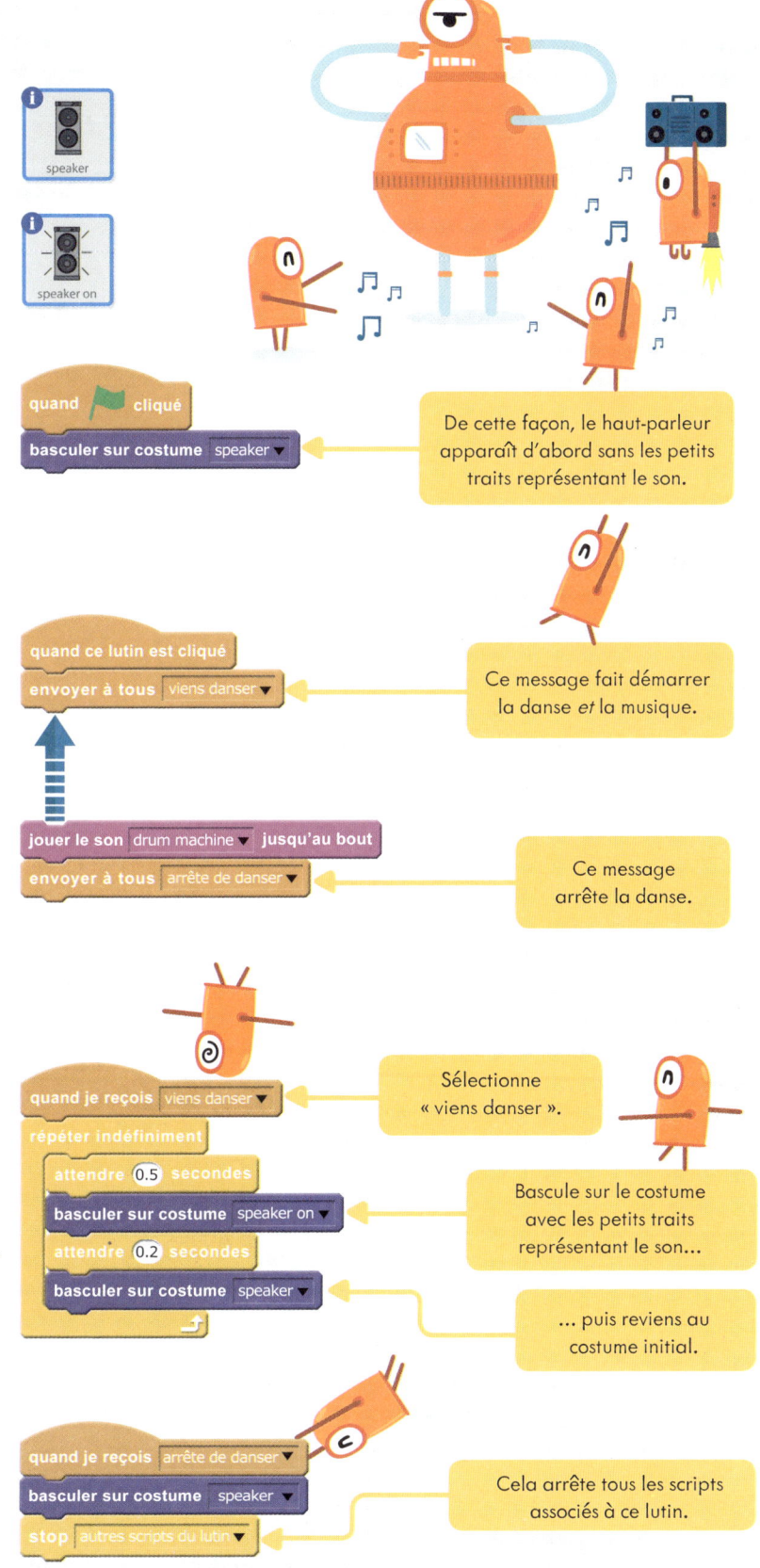

49

7 Pour faire danser ton animal, sélectionne-le dans l'**aire des lutins** et crée un nouveau script, comme ceci. Place une boucle **répéter indéfiniment** autour des basculements de costumes pour qu'il continue à danser.

ATTENTION : si tu demandes à ton animal de compagnie de faire deux choses à la fois, cela pourrait l'embrouiller. Dans ce cas-là, il te suffit de cliquer sur le drapeau vert pour redémarrer.

8 Enfin, crée le script ci-contre, pour que la danse et la musique s'arrêtent en même temps. Teste ton code en cliquant sur le haut-parleur.

Cela arrête tous les scripts associés à ce lutin.

Au dodo !

1 Pour que ton animal s'endorme sur place, sélectionne-le dans l'**aire des lutins** et crée un nouveau script avec un bloc **quand... est cliqué**. Puis ajoute un bloc **basculer sur costume** et sélectionne « monster sleep » (monstre endormi).

Nous avons choisi la barre d'espace, mais tu peux sélectionner n'importe quelle touche dans le menu déroulant.

2 Pour faire ronfler ton animal, ajoute une boucle **répéter** avec des blocs **jouer le son** et **dire**, comme ci-contre.

Termine par un bloc **basculer sur costume** pour le réveiller.

Ce son (gémissement d'extraterrestre) ressemble à un ronflement, mais tu peux aussi enregistrer ton propre effet sonore.

Teste ton code en appuyant sur la barre d'espace.

Donne une voix à ton animal

1 Pour que ton animal de compagnie émette un son quand tu cliques dessus, sélectionne son lutin et commence un nouveau script par **quand ce lutin est cliqué**.

2 Dans la catégorie **Données**, crée une nouvelle variable nommée « bruit » (laisse la case « Pour tous les lutins » cochée, mais décoche la case pour que la variable n'apparaisse pas sur la scène). Ensuite, prends un bloc **mettre variable à** et insères-y un bloc **nombre aléatoire** (catégorie **Opérateurs**).

3 Pour chaque bruit, prends un bloc **si/alors**. Définis la condition à l'aide d'un bloc **égal à** (catégorie **Opérateurs**), pour que le bruit soit émis quand tu obtiens un chiffre aléatoire particulier.

4 Si tu veux, tu peux aussi « traduire » le son en ajoutant un bloc **penser à**.

5 Ajoute plusieurs sons différents, comme ci-contre. Puis teste ton code en cliquant plusieurs fois sur ton animal de compagnie.

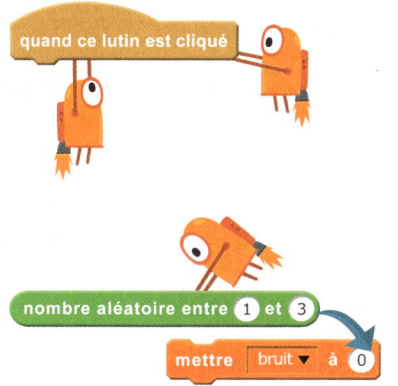

Si l'**aire des scripts** comporte trop de code pour tout voir d'un seul coup, tu peux faire défiler son contenu.

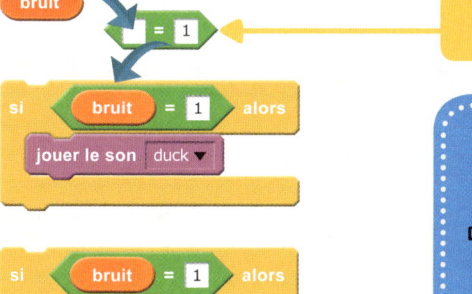

Les chiffres représentent les différents bruits que ton animal de compagnie peut émettre.

AJOUTER DES SONS

Tu peux enregistrer un son ou en choisir un dans la **Bibliothèque des sons** de Scratch. N'oublie pas que chaque nouveau son doit être ajouté dans l'onglet des sons pour pouvoir être utilisé.

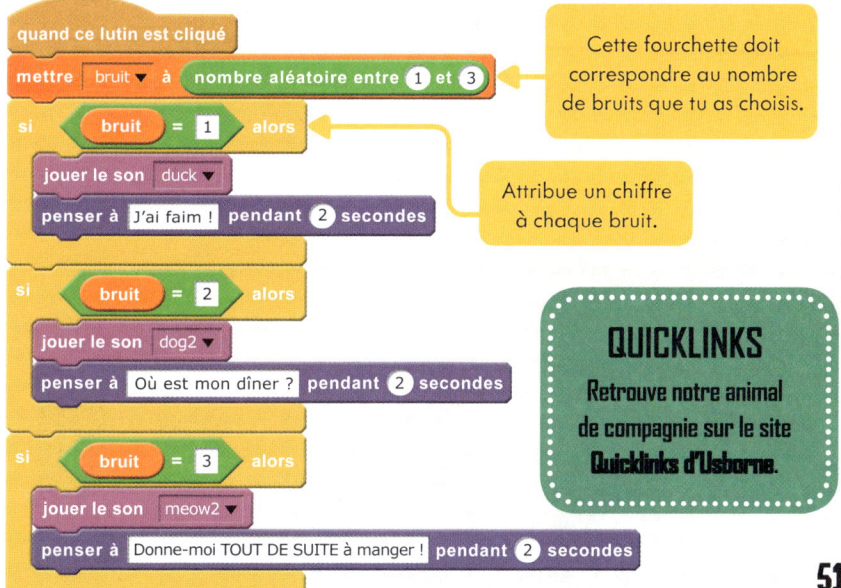

Cette fourchette doit correspondre au nombre de bruits que tu as choisis.

Attribue un chiffre à chaque bruit.

QUICKLINKS

Retrouve notre animal de compagnie sur le site **Quicklinks d'Usborne**.

Jeux

Une fois que tu maîtrises les bases de Scratch, tu peux mettre en pratique ton aptitude à programmer en créant une série de jeux plus compliqués. Ces jeux s'appuient sur ce que tu as appris précédemment. Il est donc indispensable d'avoir bien assimilé la section principale de ce livre *avant* de commencer.

Chaque jeu s'accompagne d'un « kit de démarrage » en ligne qui te permet d'utiliser des lutins et des arrière-plans déjà prêts. Tu trouveras des liens vers tous ces kits, ainsi que nos scripts pour ces jeux sur le site **www.usborne.com/quicklinks/fr**.

La course de voiture

Crée une voiture de course et une piste, avec un tableau pour afficher ton score.

La phase de conception

1 Crée un nouveau projet et supprime le chat. Clique sur l'icône **pinceau** sous Nouvel arrière-plan (en dessous de la scène) pour afficher les **outils de dessin**.

Utilise le **pot de peinture** pour colorier la **scène** en vert. Sélectionne ensuite un gros **pinceau** gris pour tracer la piste. Sers-toi d'un pinceau fin d'une *autre* couleur pour tracer la ligne d'arrivée.

2 Récupère le lutin créé page 34. (Si tu as un compte Scratch, sors-le de ton **Sac à dos**. Si tu n'en as pas, va à « Nouveau lutin » et clique sur l'icône **dossier** pour l'importer depuis ton ordinateur.) La voiture apparaît maintenant sur ta scène *et* dans l'**aire des lutins**.

LA PISTE
Tu trouveras page 32 des conseils pour utiliser les outils de dessin. Tu peux aussi télécharger un kit de démarrage contenant des pistes et des voitures déjà prêtes sur le site www.usborne.com/quicklinks/fr.

Il est plus facile de piloter une voiture sur une piste large, cependant les virages restent quand même difficiles à manœuvrer.

En position

3 Réduis la taille de ta voiture et place-la sur la ligne de départ (elle doit se trouver juste derrière celle-ci, sans la toucher). Dans l'**aire des lutins**, clique sur le bouton « i » de ta voiture. Fais tourner le trait bleu autour du cercle pour l'orienter du bon côté. Prends note des chiffres correspondant à **x**, **y** et à la **direction**.

Commence un script par un bloc à **drapeau vert**. Ajoute un bloc **s'orienter à** et un bloc **aller à x y** (catégorie **Mouvement**) et entre les chiffres dont tu as pris note.

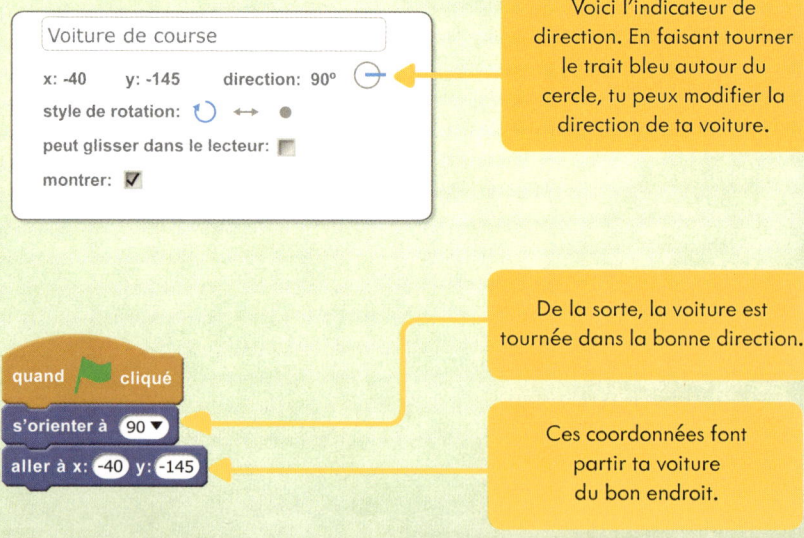

Voici l'indicateur de direction. En faisant tourner le trait bleu autour du cercle, tu peux modifier la direction de ta voiture.

De la sorte, la voiture est tournée dans la bonne direction.

Ces coordonnées font partir ta voiture du bon endroit.

Démarrer le chronomètre

4 Pour chronométrer ta course, sélectionne « Créer une variable » dans la catégorie **Données** et appelle-la « temps ».

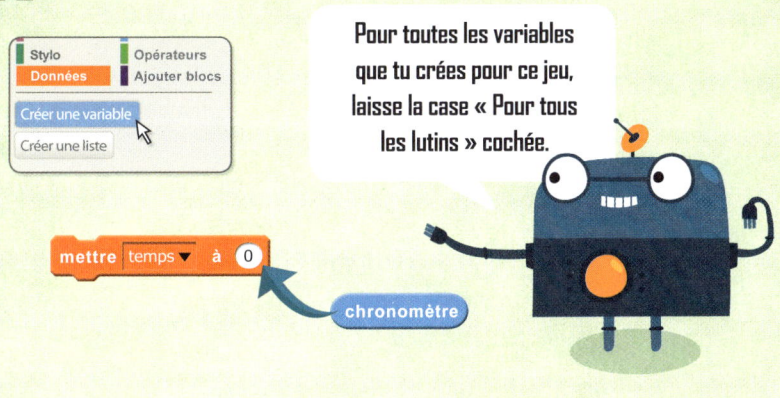

Pour toutes les variables que tu crées pour ce jeu, laisse la case « Pour tous les lutins » cochée.

5 Fais glisser un bloc **mettre variable à** dans l'**aire des scripts** et sélectionne « temps » dans le menu déroulant. Insère un bloc **chronomètre** (catégorie **Capteurs**) dans l'espace blanc.

6 Insère ce bloc dans une boucle **répéter jusqu'à**. Définis la condition à l'aide d'un bloc **couleur touchée**, afin que le chronomètre tourne jusqu'à ce que tu passes la ligne d'arrivée.

Pour sélectionner la couleur, clique sur la case colorée, puis sur ta ligne d'arrivée.

7 Place la boucle **répéter jusqu'à** sous le script de l'étape 3. Puis insère un bloc **réinitialiser le chronomètre** (catégorie **Capteurs**) juste en dessous du bloc de départ. Ainsi, le chronomètre repartira toujours de 0.

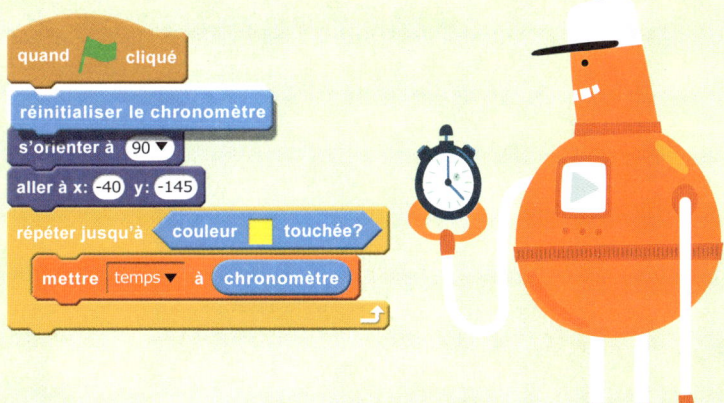

Diriger ta voiture

8 Tu peux guider ta voiture à l'aide des flèches de ton clavier. Sélectionne un bloc **touche pressée** dans la catégorie **Capteurs**.

Insère-le dans un bloc **si/alors** et sélectionne « flèche droite » dans le menu déroulant. Puis insère un bloc **tourner à droite** (catégorie **Mouvement**).

Fais la même chose avec un second bloc **si/alors**, en sélectionnant « flèche gauche », et un bloc **tourner à gauche**.

Insère les deux blocs **si/alors** dans la boucle **répéter jusqu'à** (sous **mettre temps à**) de l'étape 7.

10 degrés font tourner la voiture progressivement et permettent donc de la diriger plus facilement.

Tu peux voir le script complet page 57.

Accélérer

9 Pour contrôler la vitesse de ta voiture, tu as besoin d'une autre **variable**. Appelle-la « vitesse » et décoche la case pour qu'elle n'apparaisse pas sur la scène. Place un bloc **mettre variable à** au début, pour que ta voiture parte de 0.

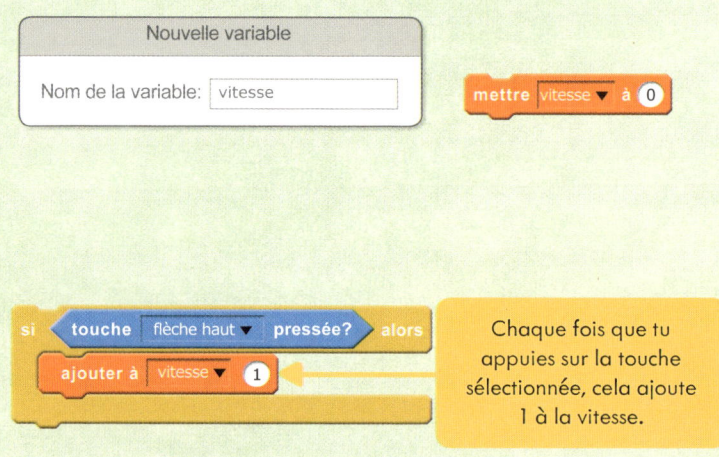

10 Prends un bloc **si/alors** et un bloc **touche pressée**, mais cette fois-ci, sélectionne « flèche haut ». Utilise un bloc **ajouter à variable** pour accélérer quand tu appuies sur cette touche.

Chaque fois que tu appuies sur la touche sélectionnée, cela ajoute 1 à la vitesse.

Ralentir

Les voitures de course ne font pas qu'accélérer ; elles sont aussi soumises à une force de « frottement » qui les ralentit. Ce frottement se manifeste partout, même sur les pistes de course, mais il est beaucoup plus important quand on roule sur l'herbe.

> ### RALENTIR EN DOUCEUR
> Pour réduire progressivement la vitesse, et obtenir un résultat plus réaliste, une astuce pratique est souvent utilisée dans les jeux : MULTIPLIER la vitesse par MOINS DE 1. C'est un bon moyen de simuler les effets de la force de frottement (voir aussi page 69).

11 Prends un bloc **si/sinon** et définis la condition **si** à l'aide de **couleur touchée**, pour détecter quand la voiture sort de la piste.

Si c'est le cas, pour appliquer une force de frottement il faut **mettre la vitesse à vitesse** multipliée par 0.5 (avec un bloc **multiplier** de la catégorie **Opérateurs**).

Pour définir la couleur, clique sur la case colorée, puis sur ton arrière-plan.

0.5 appliquera une force de frottement assez importante.

12 Quand la voiture tient la route, il y a moins de frottement. Sous « sinon », utilise **mettre la vitesse à vitesse** multipliée par 0.8. Puis ajoute un bloc **avancer**, et indique **vitesse**.

Insère l'ensemble de la pile dans la boucle **répéter** de l'étape 7.

Une valeur supérieure crée un frottement plus réduit.

Ce bloc utilise la variable « vitesse » pour indiquer à la voiture jusqu'où aller.

13 Tu peux aussi ajouter un son final, sous la boucle, pour annoncer la fin de la course.

À vos marques ! Prêts ? Partez !

14 Clique sur le drapeau vert pour démarrer le jeu et voir à quelle vitesse tu arrives à faire le tour de la piste.

Si le jeu ne fonctionne pas, c'est que le code comporte un bug. Compare ton script à celui ci-dessous.

BLOCS EN PAGAILLE

Au fur et à mesure que ton script s'allonge et devient plus compliqué, il est plus difficile de suivre ce qui se passe. N'oublie pas de toujours lire les blocs dans l'ordre, de haut en bas, et de gauche à droite – exactement comme le fait ton ordinateur.

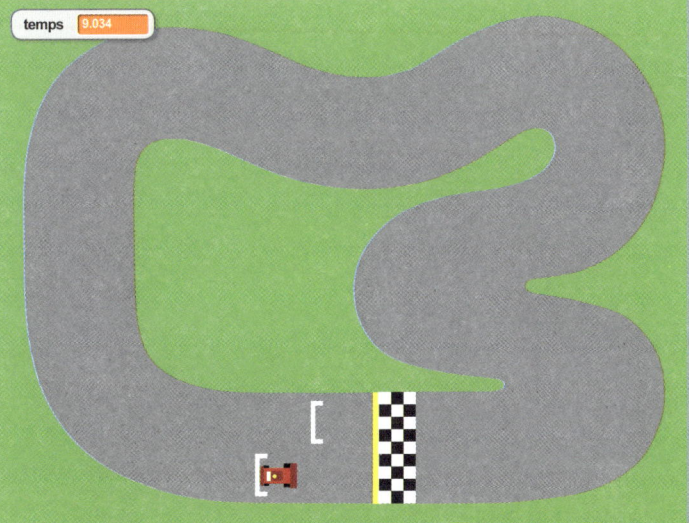

Enregistrer tes temps

1 Tu peux aussi enregistrer tes temps. Commence par insérer un bloc **envoyer à tous** sous le bloc **jouer le son** de l'étape 13. Cela envoie un message quand tu termines un tour de piste.

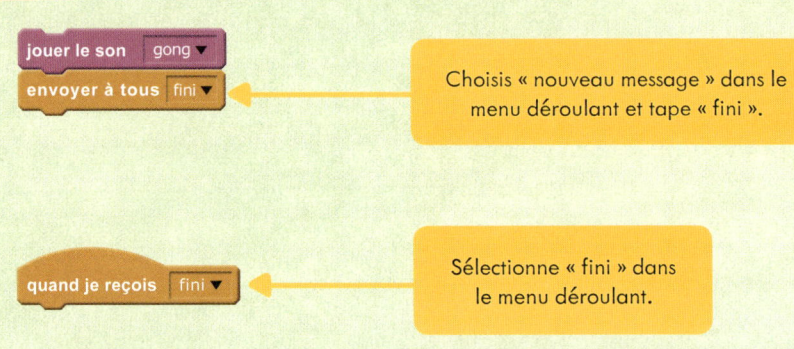

Choisis « nouveau message » dans le menu déroulant et tape « fini ».

2 Puis commence un nouveau script par **quand je reçois**. (Celui-ci s'activera quand tu franchiras la ligne d'arrivée.)

Sélectionne « fini » dans le menu déroulant.

3 Pour enregistrer tes temps, tu dois créer une **liste**. Sélectionne « Créer une liste » dans la catégorie **Données**. Nomme-la « temps » et décoche la case, pour qu'elle n'apparaisse pas sur la scène pendant le jeu.

4 Pour insérer tes temps dans la liste, ajoute un bloc **ajouter... à** (catégorie **Données**). Insère une variable **temps** dans la case blanche et sélectionne « temps » dans le menu déroulant.

Maintenant, chaque nouveau temps s'ajoutera à la fin de la liste.

LISTES LONGUES

Il y a deux moyens d'organiser l'information pour les ordinateurs, les VARIABLES (voir page 10) et les LISTES. Une variable ne peut gérer qu'une seule information à la fois, tandis qu'une liste peut en gérer toute une quantité indéfinie.

La liste regroupe les divers éléments et les classe dans un certain ordre, pour que l'ordinateur puisse les retrouver. Si ta liste est longue, tu peux la trier, par exemple par ordre décroissant, pour aider l'ordinateur à trouver l'information plus rapidement.

5 Puis ajoute un bloc **montrer la liste** à ton nouveau script, et sélectionne à nouveau « temps » dans le menu déroulant. Ainsi, la liste apparaît quand le jeu est terminé.

6 Pour cacher la liste quand tu entames un nouveau tour de piste, prends un autre bloc à **drapeau vert** et emboîtes-le avec un bloc **cacher la liste** (catégorie **Données**), comme ci-contre.

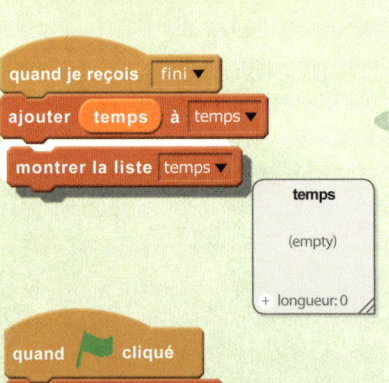

Qui est le plus rapide ?

Si tu veux, tu peux aussi enregistrer le nom des joueurs à côté des temps. Ainsi, tu peux te mesurer à tes amis pour voir qui est le plus rapide.

1 Crée une liste et appelle-la « noms ».

2 Prends un bloc **demander** (catégorie **Capteurs**) et insère-le en dessous de **quand je reçois** (de l'étape 2 page 58). Ainsi, le jeu demandera le nom du joueur à la fin de chaque tour de piste.

Le nom tapé par le joueur sera enregistré en tant que variable appelée « réponse ».

3 Prends une variable **réponse** (catégorie **Capteurs**) et insère-la dans un bloc **ajouter… à** (catégorie **Données**). Sélectionne « noms » dans le menu déroulant et insère le tout sous le bloc **demander**.

Sélectionne la liste souhaitée dans le menu déroulant.

4 Insère un autre bloc **montrer la liste**, pour faire apparaître les noms à côté des temps. Ton script complet devrait ressembler à ça.

5 Enfin, ajoute un autre bloc **cacher la liste** au script de l'étape 7 page 58. Ainsi, les *deux* listes disparaîtront chaque fois tu commenceras un nouveau tour de piste.

L'aventure spatiale

Dans ce jeu, tu dois piloter un engin spatial dans le cosmos.
Mais attention aux astéroïdes et autres obstacles !

1 Crée un nouveau projet, supprime le chat et ajoute deux nouveaux lutins : un vaisseau spatial et un astéroïde. (Nous avons utilisé ici les deux lutins du kit de démarrage Usborne.)

Tu peux donner d'autres noms aux lutins si tu en as envie, comme « Astéroïde de la mort » ou « Jimmy ».

2 Pour ce jeu, le vaisseau spatial doit être orienté vers la droite. Clique sur le « i » bleu en haut à gauche du vaisseau spatial dans l'**aire des lutins** et définis sa direction. (Si le vaisseau spatial a été dessiné pointé vers le haut, sa direction sera 180°.)

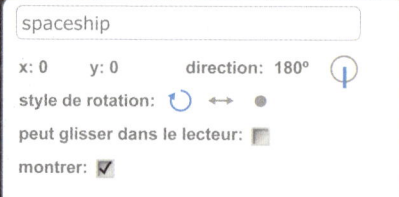

3 Pour réduire la taille de ton vaisseau spatial, clique sur le bouton **réduire**, tout en haut de l'écran, puis clique plusieurs fois sur le lutin de ton vaisseau spatial.

DÉFILEMENT ININTERROMPU

Ce jeu fait défiler un flot ininterrompu d'obstacles sur l'écran. L'objectif est de les éviter en faisant monter et descendre ton vaisseau spatial à l'aide de ta souris. Ce genre de jeu « à défilement ininterrompu » dure jusqu'à ce que tu commettes une erreur.

4 Ouvre la **Bibliothèque des arrière-plans**, et choisis l'arrière-plan « stars » (étoiles) ou utilise un décor du kit de démarrage Usborne.

Script du vaisseau spatial

1 Sélectionne le lutin-vaisseau spatial dans l'**aire des lutins**. Envoie-le vers le bord gauche de la scène quand on clique sur le drapeau vert.

-160 correspond pratiquement au bord gauche de la scène.

2 Pour faire monter et descendre ton vaisseau spatial (en modifiant son ordonnée y) avec ta souris, prends un bloc **donner la valeur... à y** (catégorie **Mouvement**) et ajoute une variable **souris y** (catégorie **Capteurs**).

3 Prends un bloc **répéter jusqu'à** (catégorie **Contrôle**) et insères-y un bloc **touché** (catégorie **Capteurs**). Place cette boucle autour du bloc de l'étape 2.

Sélectionne « asteroid » dans le menu déroulant.

4 Maintenant, si tu cliques sur le drapeau vert, tu peux faire monter et descendre ton vaisseau spatial avec ta souris, mais seulement jusqu'à ce qu'il entre en collision avec un astéroïde.

Script de l'astéroïde

1 Sélectionne le lutin-astéroïde et commence un nouveau script par un **drapeau vert** (catégorie **Evènements**).

2 Ajoute un bloc **aller à x y** (catégorie **Mouvement**), pour que l'astéroïde apparaisse sur la droite de la scène.

Entre 240 comme valeur x (cela correspond au bord droit de la scène).

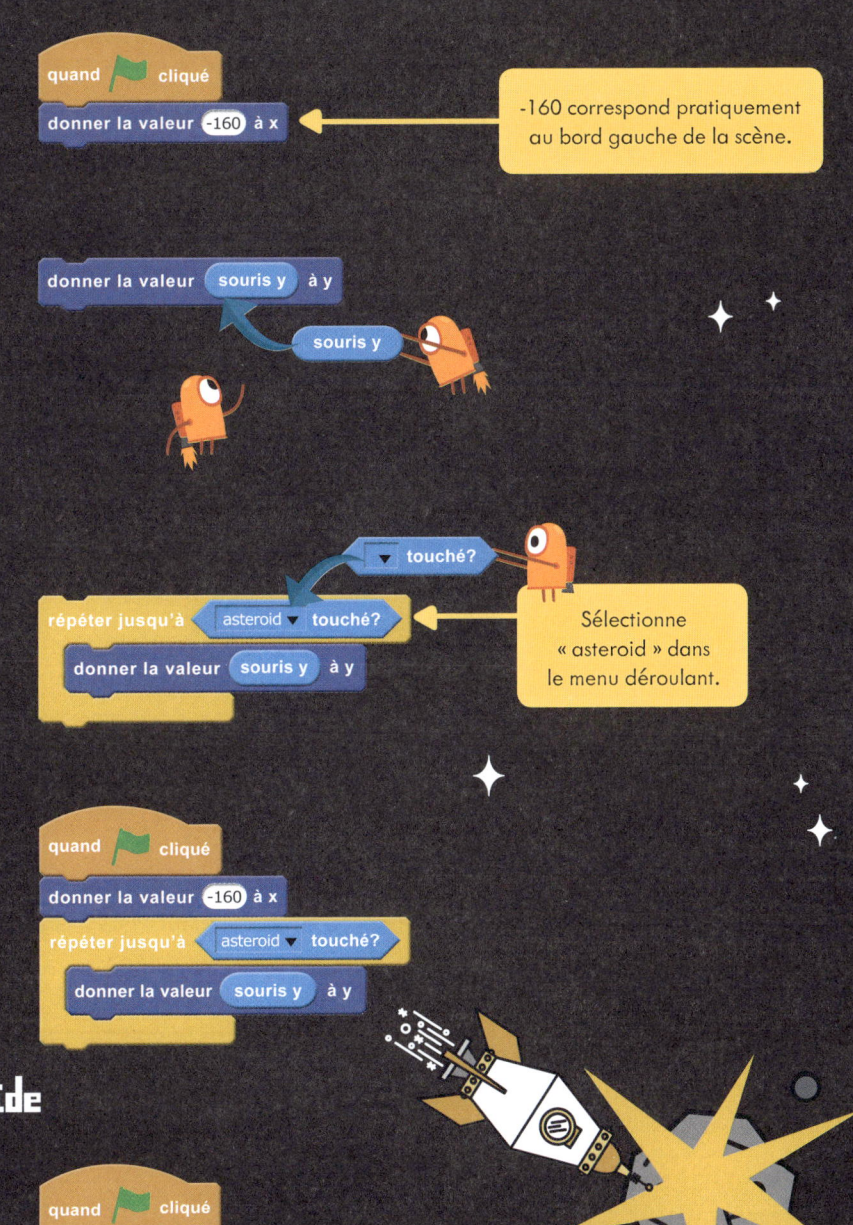

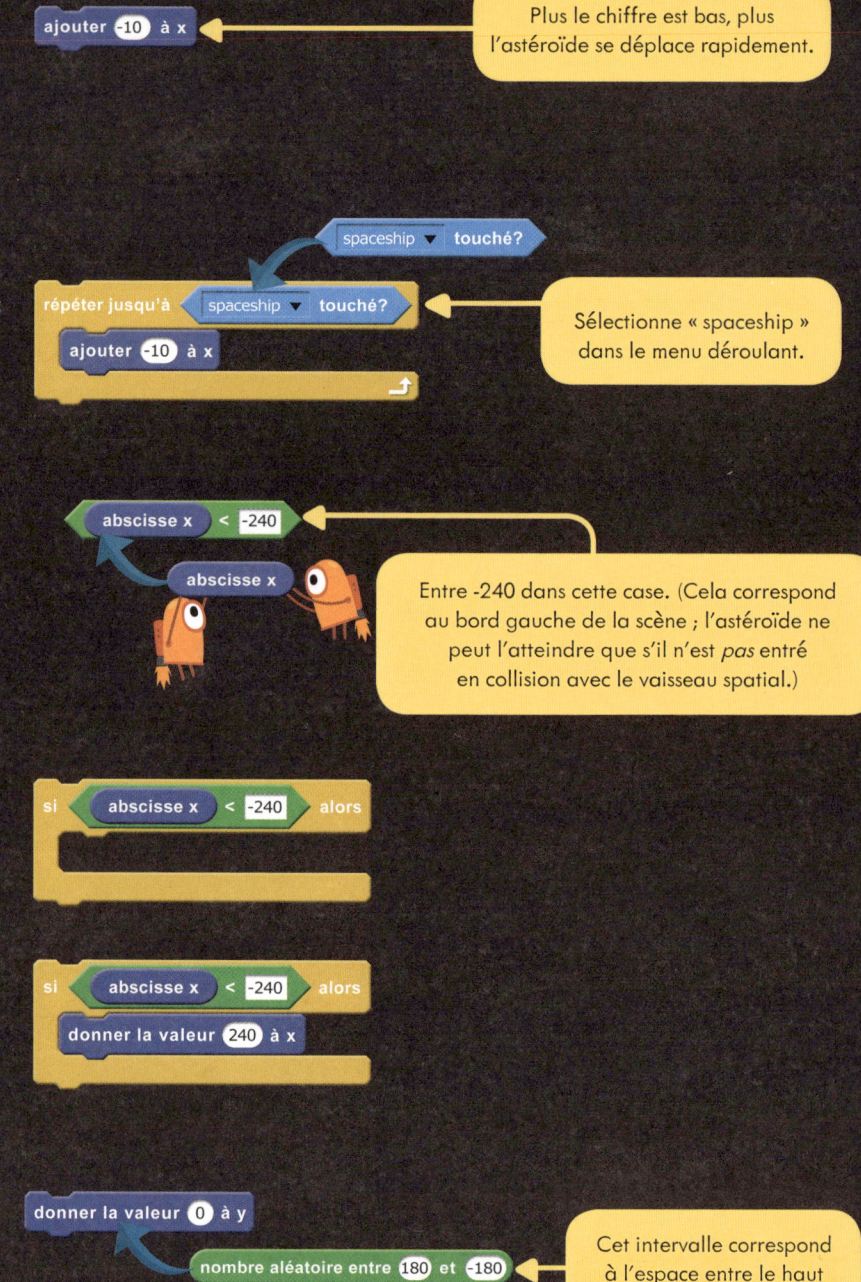

3 Mets un bloc **ajouter… à x** (catégorie **Mouvement**) et entre un nombre négatif. Ainsi, l'astéroïde se déplacera vers la gauche.

Plus le chiffre est bas, plus l'astéroïde se déplace rapidement.

4 L'astéroïde doit continuer à se déplacer jusqu'à ce que le vaisseau spatial entre en collision avec lui : insère le bloc **ajouter… à x** dans une boucle **répéter jusqu'à** et définis la condition à l'aide d'un bloc **touché** (catégorie **Capteurs**).

Sélectionne « spaceship » dans le menu déroulant.

5 Tu dois également définir ce qui se passera si l'astéroïde atteint le bord de la scène. Prends un bloc **inférieur à** (catégorie **Opérateurs**) et insères-y un bloc **abscisse x** (catégorie **Mouvement**).

Entre -240 dans cette case. (Cela correspond au bord gauche de la scène ; l'astéroïde ne peut l'atteindre que s'il n'est *pas* entré en collision avec le vaisseau spatial.)

6 Insère ce bloc combiné dans un bloc **si/alors** (catégorie **Contrôle**).

7 Insère un bloc **donner la valeur… à x** à l'intérieur du bloc de l'étape 6 et entre 240 pour renvoyer l'astéroïde vers le bord droit de la scène.

8 Ajoute un bloc **donner la valeur… à y** (catégorie **Mouvement**) sous le bloc **donner la valeur… à x**. Cela détermine la position de l'astéroïde sur un axe vertical. Insères-y un **nombre aléatoire** (catégorie **Opérateurs**) et tape entre 180 et -180, pour qu'il apparaisse à chaque fois à un endroit différent.

Cet intervalle correspond à l'espace entre le haut et le bas de la scène.

9 Insère la pile **si/alors** complète dans la boucle **répéter jusqu'à** de l'étape 4. Le script complet devrait ressembler à ça.

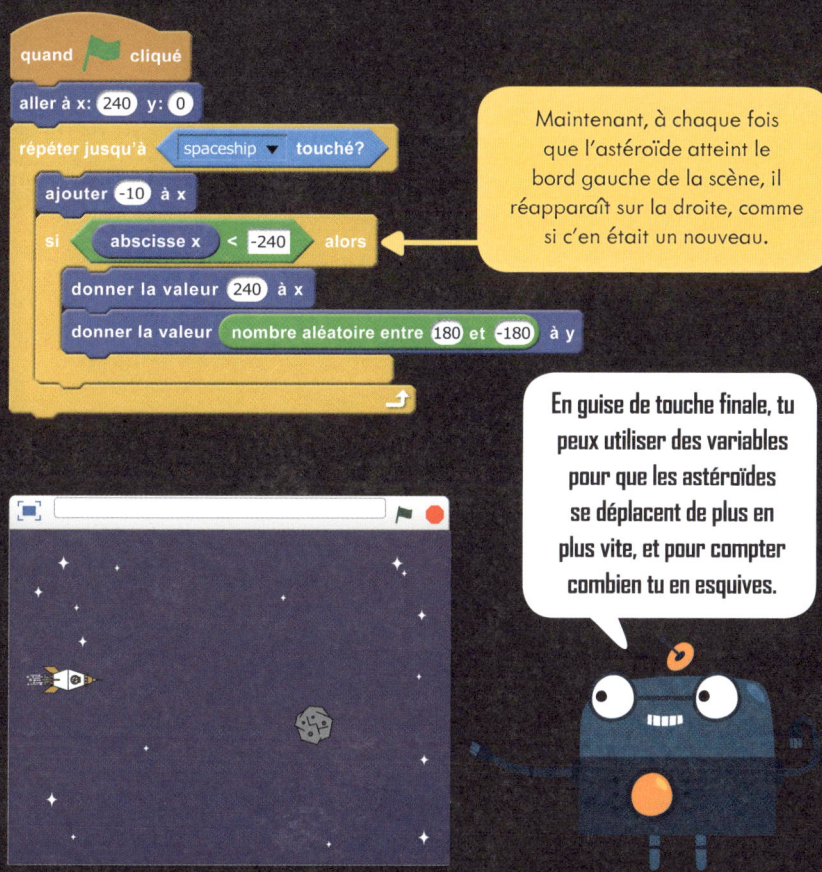

Maintenant, à chaque fois que l'astéroïde atteint le bord gauche de la scène, il réapparaît sur la droite, comme si c'en était un nouveau.

Essaie de jouer. Tu devrais avoir l'impression de traverser une ceinture d'astéroïdes, alors qu'en réalité il n'y en a qu'un seul qui ne cesse de se déplacer.

En guise de touche finale, tu peux utiliser des variables pour que les astéroïdes se déplacent de plus en plus vite, et pour compter combien tu en esquives.

Accélérer

1 Dans la catégorie **Données**, crée une nouvelle variable nommée « vitesse ». Mais cette fois-ci, sélectionne « Pour ce lutin uniquement ».

Si tu sélectionnes « Pour ce lutin uniquement », les nouveaux blocs « variable » ne s'appliqueront qu'à *ce* lutin.

2 Décoche la case pour que la vitesse n'apparaisse pas sur la scène.

3 Sélectionne le lutin-astéroïde. Pour définir sa vitesse de départ, insère un bloc **mettre vitesse à** (catégorie **Données**) au début de son script, comme ci-contre.

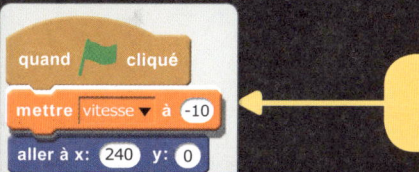

Définis la vitesse de départ à -10.

4 Maintenant, prends une variable **vitesse** (catégorie **Données**) et insère-la dans le bloc **ajouter… à x** du script.

5 Pour que la vitesse varie au cours du jeu, insère un bloc **ajouter à vitesse** (catégorie **Données**) dans la pile **si/alors**, comme ci-contre. Entre -1 pour que l'astéroïde se déplace plus rapidement vers la gauche.

Cette variable remplace le nombre -10.

Essaie de rejouer. Maintenant, à chaque fois qu'un astéroïde apparaît, il va légèrement plus vite que le précédent. Ils finiront par aller à toute vitesse et seront plus difficiles à esquiver.

Enregistrer ton score

1 Dans la catégorie **Données**, crée une nouvelle variable nommée « score ». Cette fois-ci, sélectionne « Pour tous les lutins » et laisse la case de la variable cochée, pour que le score apparaisse sur la scène.

2 Sélectionne le lutin-astéroïde. Insère un bloc **mettre score à** (catégorie **Données**) au début, pour que le score parte de 0. Mets un bloc **ajouter à score** au bas de la pile **si/alors**, pour que le score augmente à chaque fois que l'astéroïde redémarre.

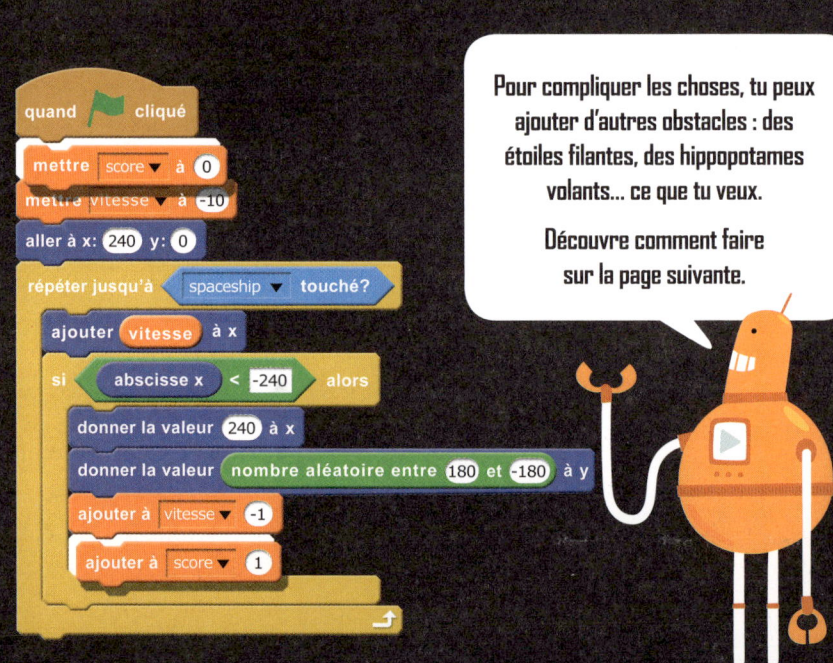

Pour compliquer les choses, tu peux ajouter d'autres obstacles : des étoiles filantes, des hippopotames volants… ce que tu veux.

Découvre comment faire sur la page suivante.

Alien supersonique

1 Sélectionne un nouveau lutin « alien » et attribue-lui le même script qu'à l'astéroïde.

2 Crée une *autre* variable « vitesse » et sélectionne « Pour ce lutin uniquement », pour qu'elle n'entre pas en conflit avec la variable « vitesse » que tu as créée précédemment. Désormais, dans le script de l'alien, la « vitesse » correspondra uniquement à la vitesse de l'*alien*.

3 Pour te récompenser d'avoir esquivé un alien, entre une valeur plus élevée dans le bloc **ajouter à score**.

4 Retourne au script du vaisseau spatial. Pour le faire réagir quand il entre en collision avec un alien, ajoute un bloc **ou** (catégorie **Opérateurs**) et un autre bloc **touché**, comme ci-contre.

Ajoute un bloc **stop tout** pour arrêter *tous* les lutins (et pas seulement celui que tu heurtes) quand tu touches un astéroïde ou un alien.

Mesure-toi à tes amis pour voir qui obtient le meilleur score !

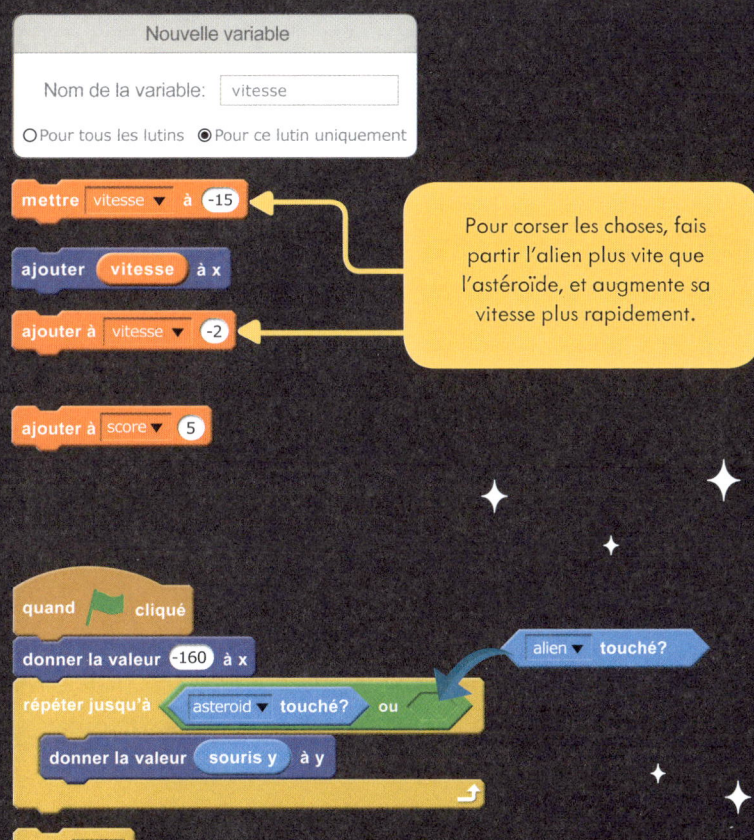

COPIER DU SCRIPT
Tu peux copier le script des différents lutins en utilisant le SAC À DOS situé au bas de l'écran. Il te suffit de cliquer sur la barre du Sac à dos, d'y faire glisser ton script, de changer de lutin, et de récupérer le script copié.

Pour corser les choses, fais partir l'alien plus vite que l'astéroïde, et augmente sa vitesse plus rapidement.

Le chevalier sauteur

Dans ce jeu, tu dois aider ton héros à atteindre une porte lointaine en sautant de corniche en corniche.

Comment jouer ?

Tu diriges ton personnage à l'aide des touches flèches. Utilise les flèches « gauche » et « droite » pour aller à gauche ou à droite et la flèche « haut » pour sauter.

L'arrière-plan comporte des corniches. Tu peux sauter de l'une à l'autre. L'objectif est d'atteindre la porte sans tomber.

Tu peux choisir un lutin et créer ton propre arrière-plan, ou importer le kit de démarrage sur le thème du château fort à partir du site www.usborne.com/quicklinks/fr.

Choisis un héros

1 Crée un nouveau projet, supprime le chat et choisis un nouveau lutin. Clique sur le bouton **réduire**, puis clique plusieurs fois sur le lutin présent sur la scène.

Le lutin doit être très petit, sinon le jeu sera trop facile. Nous avons choisi « knight » (chevalier) et cliqué dessus une douzaine de fois environ.

Les corniches

2 Pour créer un nouvel arrière-plan, clique sur l'icône **pinceau** sous la scène, à gauche.

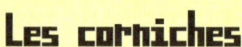

3 Utilise l'outil **ligne** pour créer une série de fines corniches. En bas de la scène, ajoute une ligne de la même couleur pour représenter le sol.

Sur la corniche la plus haute, dessine la porte que ton chevalier doit atteindre, en utilisant une autre couleur.

LA SIGNIFICATION DES COULEURS

Chaque couleur doit correspondre à une seule chose. Nous avons utilisé :

Noir = sol ou corniche

Bleu = porte

Espace suffisamment les corniches pour que le lutin soit obligé de sauter !

Script de ton héros

Tu vas avoir besoin de trois variables pour déterminer si ton héros se trouve ou non sur le sol ou sur une corniche et à quelle vitesse il court et saute.

1 Dans la catégorie **Données**, crée trois variables. Tu peux les appeler « vitesse course », « vitesse saut » et « à terre? ». Laisse la case « Pour tous les lutins » cochée.

Décoche les cases pour que les variables n'apparaissent pas sur la scène.

Sélectionne chaque variable dans les menus déroulants et entre « 0 » dans les cases blanches.

2 Prends un bloc **drapeau vert** (catégorie **Évènements**) et trois blocs **mettre variable à** (catégorie **Données**). Ajoute un bloc **aller à x y** (catégorie **Mouvement**). Ainsi, le lutin part toujours du même endroit.

Ces coordonnées placent le lutin dans le coin en bas à gauche de la scène.

3 Ensuite, tu as besoin d'une boucle qui s'exécute jusqu'à ce que le lutin atteigne la porte. Prends un bloc **répéter jusqu'à** (catégorie **Contrôle**) et insères-y un bloc **couleur touchée?** (catégorie **Capteurs**). Ajoute le tout sous le script de l'étape 2.

Sélectionne la couleur que tu as utilisée pour ta porte.

4 Pour que ton lutin se déplace en fonction de sa vitesse, insère deux blocs **Mouvement** dans la boucle : **ajouter... à x** et **ajouter... à y**. Puis insères-y les variables **vitesse course** et **vitesse saut** (catégorie **Données**).

x détermine la position gauche-droite du lutin (sur un axe horizontal), y sa position haut-bas (sur un axe vertical).

Retomber après un saut

5 Pour que ton lutin retombe au sol après un saut, insère un bloc **ajouter à variable** (catégorie **Données**), sélectionne « vitesse saut » et entre -1.

Cependant, quand il touche le sol ou une corniche, il doit *arrêter* de tomber…

Un nombre négatif permet de réduire la vitesse du saut.

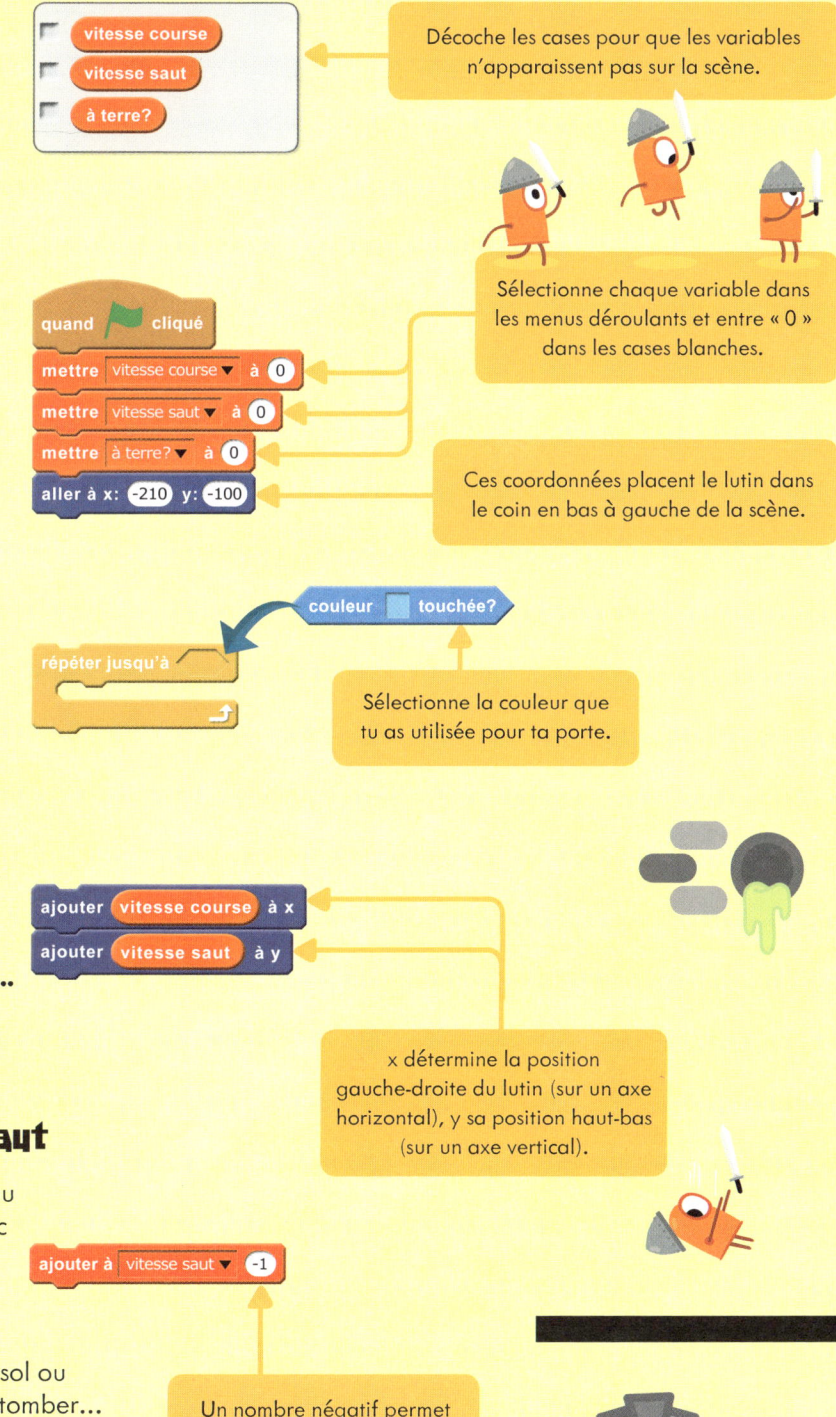

67

Toucher le sol ou les corniches

6 Prends un bloc **si/alors** (catégorie **Contrôle**) et insères-y un bloc **et** (catégorie **Opérateurs**). Définis la condition à l'aide d'un bloc **couleur touchée** d'un côté, pour que le lutin réagisse au sol, et de l'autre côté, mets un bloc **inférieur à** et ajoute **vitesse saut**.

Insère le bloc **si/alors** complet dans la boucle **répéter jusqu'à** de l'étape 3.

Une vitesse saut inférieure à 0 signifie que le lutin retombe.

7 Insère une autre boucle **répéter jusqu'à** dans le bloc **si/alors** de l'étape 6. Fais-la se répéter tant que le lutin ne touche **pas** la couleur du sol. Insères-y un bloc **ajouter... à y**.

8 Juste en dessous de la boucle **répéter jusqu'à** (*à l'intérieur* du bloc **si/alors**), ajoute deux blocs **mettre variable à** pour actualiser les valeurs, afin que le lutin s'immobilise à terre. Pour consulter le script complet, va directement page 70.

Ici, 1 = oui, le lutin est à terre
0 = non, le lutin n'est pas à terre

LA LOGIQUE INFORMATIQUE

Les ordinateurs ne peuvent répondre aux questions que par « oui » ou « non », et ils le font avec des chiffres. En général, « 1 » signifie « oui » (ou « vrai ») et « 0 » signifie « non » (ou « faux »). En mathématique et en informatique, on appelle cela la LOGIQUE BOOLÉENNE.

Sauter

Le lutin ne peut sauter que si tu appuies sur la flèche haut ET qu'il se trouve à terre.

9 Prends un bloc **et** et insères-y un bloc **touche pressée** (catégorie **Capteurs**) d'un côté, et de l'autre côté, ajoute **à terre?** / **égal à**, et entre « 1 » dans la case.

« 1 » signifie que le lutin est à terre.

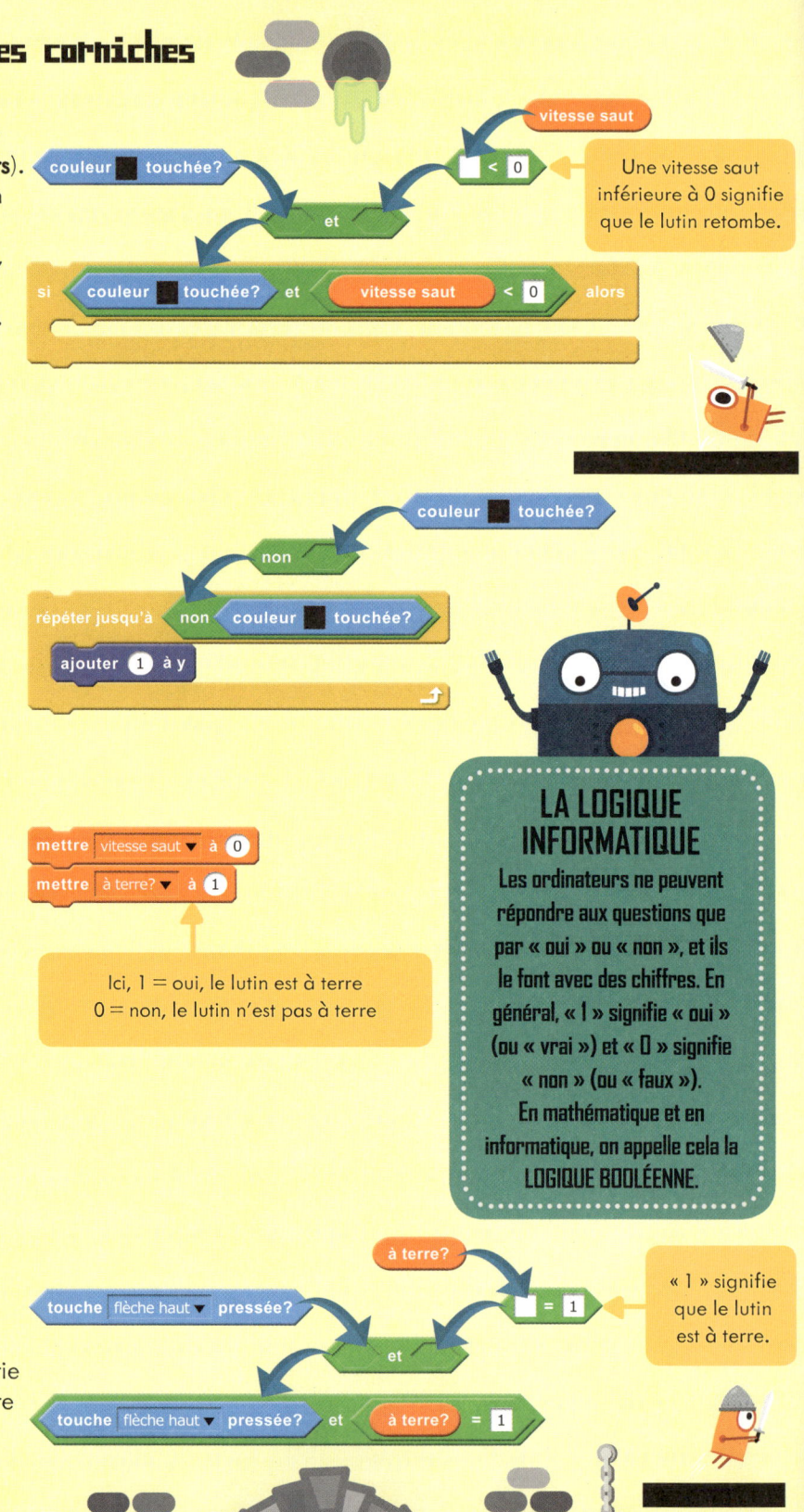

10 Insère ce bloc combiné dans un autre bloc **si/alors**. Ensuite, actualise tes variables en insérant deux blocs **mettre variable à** (catégorie **Données**). Puis insère la pile entière à l'intérieur de la boucle **répéter jusqu'à** de l'étape 3.

Courir

Pour courir, le lutin doit réagir aux touches **flèche gauche** et **flèche droite**.

11 Pour la flèche *gauche*, prends un autre bloc **si/alors** et insères-y un bloc **touche pressée**. Puis insère un bloc **ajouter à variable**, sélectionne « vitesse course » et entre un chiffre *négatif*.

12 Pour la flèche *droite*, fais la même chose, mais sélectionne « flèche droite » et entre un chiffre *positif*.

Insère ces deux piles **si/alors** sous la pile de l'étape 10 (toujours à l'intérieur de la boucle **répéter jusqu'à** de l'étape 3).

13 Pour que ton lutin ralentisse si *aucune* touche n'est pressée, prends un bloc **mettre variable à** et sélectionne « vitesse course ». Définis celle-ci par le résultat obtenu en **multipliant** la **vitesse course** par un chiffre *inférieur à 1*.

Insère ce bloc combiné sous les piles **si/alors** de l'étape 12 (toujours à l'intérieur de la boucle **répéter jusqu'à** de l'étape 3).

Fin de partie

14 Pour finir, tu peux ajouter un bloc **jouer le son** en fin de script.

Tourne la page pour voir le script complet.

Teste ton jeu

Voilà à quoi ton script complet doit ressembler. Clique sur le **drapeau vert** pour le tester. (Si le jeu ne fonctionne pas, vérifie que tu as bien mis tous les blocs qu'il faut dans le bon ordre.)

Rejoues-y plusieurs fois. Arrives-tu à atteindre la porte ? Remarques-tu des problèmes ?

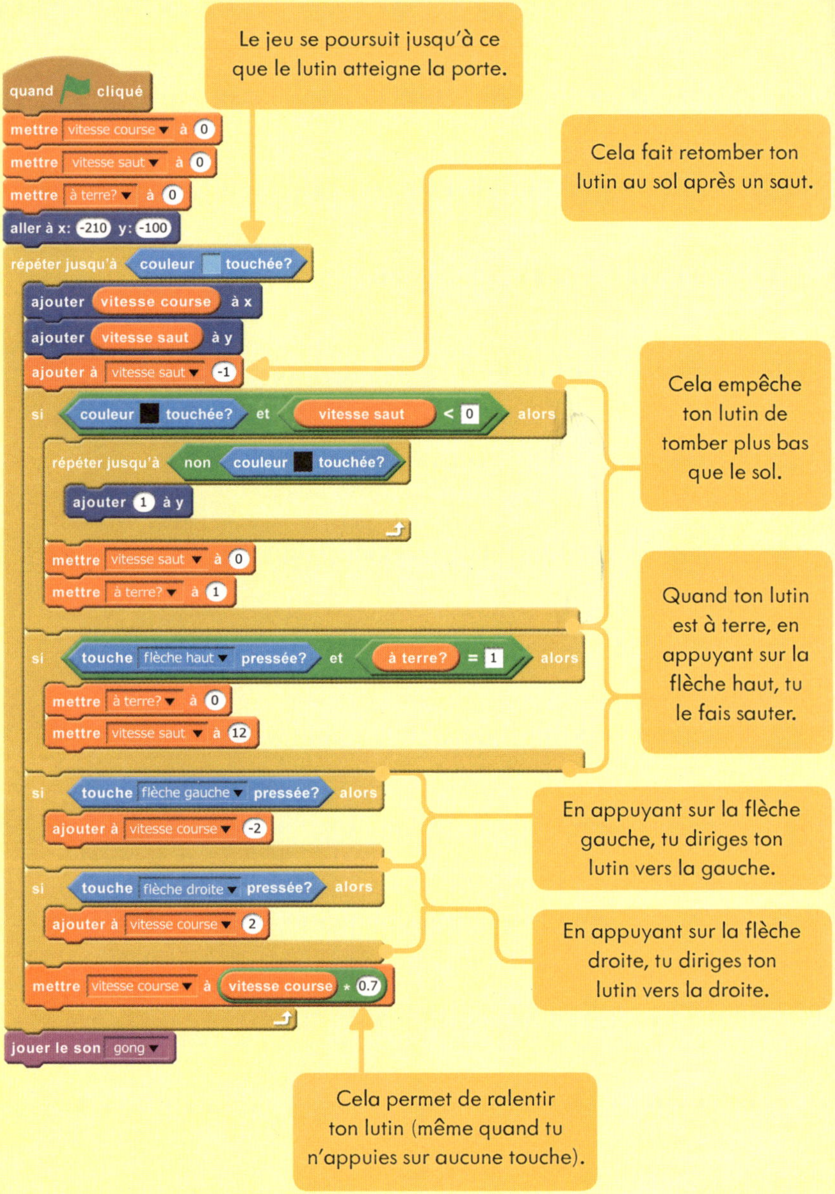

Le jeu se poursuit jusqu'à ce que le lutin atteigne la porte.
quand cliqué
mettre vitesse course à 0
mettre vitesse saut à 0
mettre à terre? à 0
aller à x: -210 y: -100
répéter jusqu'à couleur touchée?
ajouter vitesse course à x
ajouter vitesse saut à y
ajouter à vitesse saut -1
si couleur touchée? et vitesse saut < 0 alors
répéter jusqu'à non couleur touchée?
ajouter 1 à y
mettre vitesse saut à 0
mettre à terre? à 1
si touche flèche haut pressée? et à terre? = 1 alors
mettre à terre? à 0
mettre vitesse saut à 12
si touche flèche gauche pressée? alors
ajouter à vitesse course -2
si touche flèche droite pressée? alors
ajouter à vitesse course 2
mettre vitesse course à vitesse course * 0.7
jouer le son gong
Cela fait retomber ton lutin au sol après un saut.
Cela empêche ton lutin de tomber plus bas que le sol.
Quand ton lutin est à terre, en appuyant sur la flèche haut, tu le fais sauter.
En appuyant sur la flèche gauche, tu diriges ton lutin vers la gauche.
En appuyant sur la flèche droite, tu diriges ton lutin vers la droite.
Cela permet de ralentir ton lutin (même quand tu n'appuies sur aucune touche).

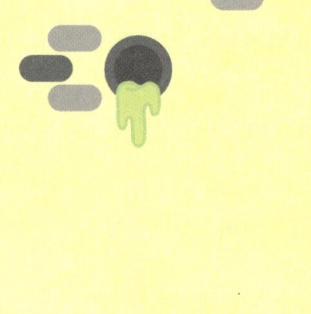

Attention au bug...

As-tu remarqué que ton lutin descend légèrement sous la corniche avant de se poser dessus ? C'est à cause d'un petit bug dans cette partie du script.

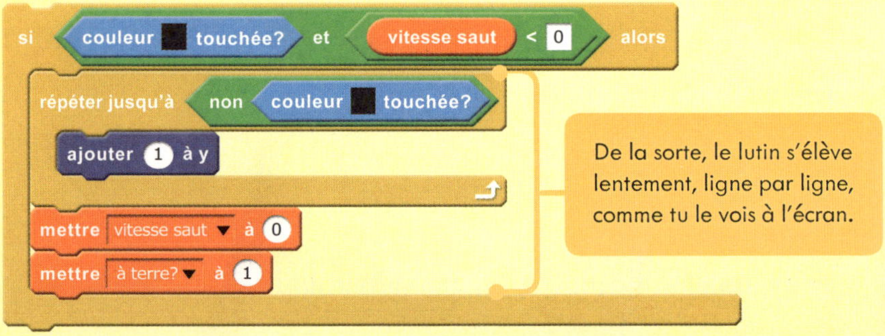

si couleur touchée? et vitesse saut < 0 alors
répéter jusqu'à non couleur touchée?
ajouter 1 à y
mettre vitesse saut à 0
mettre à terre? à 1
De la sorte, le lutin s'élève lentement, ligne par ligne, comme tu le vois à l'écran.

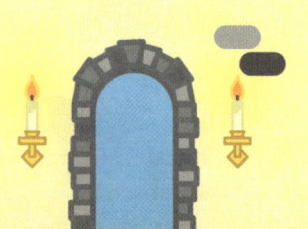

Résoudre le bug

Tu peux régler ce problème à l'aide d'un nouveau type de bloc, appelé **bloc personnalisé**. Il condense toute une pile de blocs en un seul, pour t'aider à ordonner tes scripts. Cela te permet aussi d'exécuter une pile plus rapidement.

1 Dans la catégorie **Ajouter blocs**, clique sur **Créer un bloc**. Donne un nom au nouveau bloc, par exemple **poser à terre**. Dans les Options, coche la case « Exécuter sans rafraîchissement de l'écran ».

Quand tu cliqueras sur « OK », le nouveau bloc apparaîtra dans la catégorie **Ajouter blocs**.

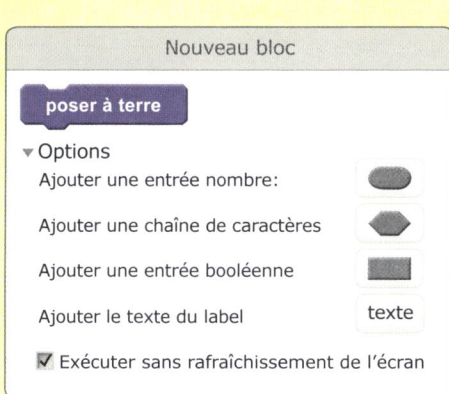

Exécuter sans rafraîchissement de l'écran signifie que ces blocs s'exécuteront *avant* que quoi que ce soit ne change à l'écran.

2 Un bloc **définir** apparaîtra aussi dans l'**aire des scripts**.

Détache la section du script qui crée le bug. Place-la sous le bloc **définir**.

3 Dans le script principal, insère un bloc **poser à terre** pour remplacer les blocs que tu as enlevés.

Ensuite, essaie de rejouer. Ton lutin devrait réagir plus rapidement, sans avoir l'air de descendre sous la corniche.

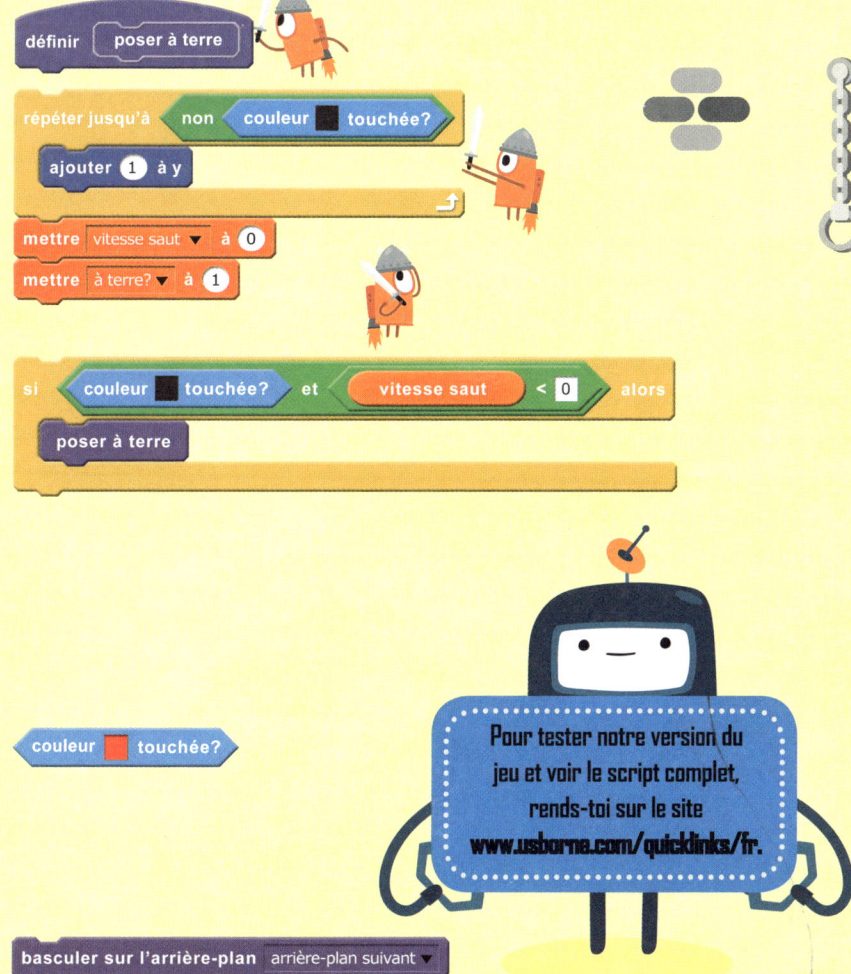

D'autres idées

Tu pourrais ajouter des pièges d'une autre couleur. Si ton lutin touche cette couleur, renvoie-le à son point de départ.

Tu peux aussi créer d'autres arrière-plans et ajouter un bloc **basculer sur l'arrière-plan**. De la sorte, ton héros devra parcourir d'autres niveaux.

Pour tester notre version du jeu et voir le script complet, rends-toi sur le site www.usborne.com/quicklinks/fr.

Éclate les ballons

Dans ce jeu, tu dois faire éclater des ballons en cliquant dessus. Mais ne fais surtout pas éclater les ballons « démoniaques », sinon c'est GAME OVER.

Créer un écran de départ

1 Crée un nouveau projet et supprime le chat. Sers-toi des **outils de dessin** pour créer un arrière-plan et un nouveau lutin constitué de texte, ou utilise le kit de démarrage. Nous avons appelé ce lutin « texte de départ » et inclus des instructions expliquant comment jouer.

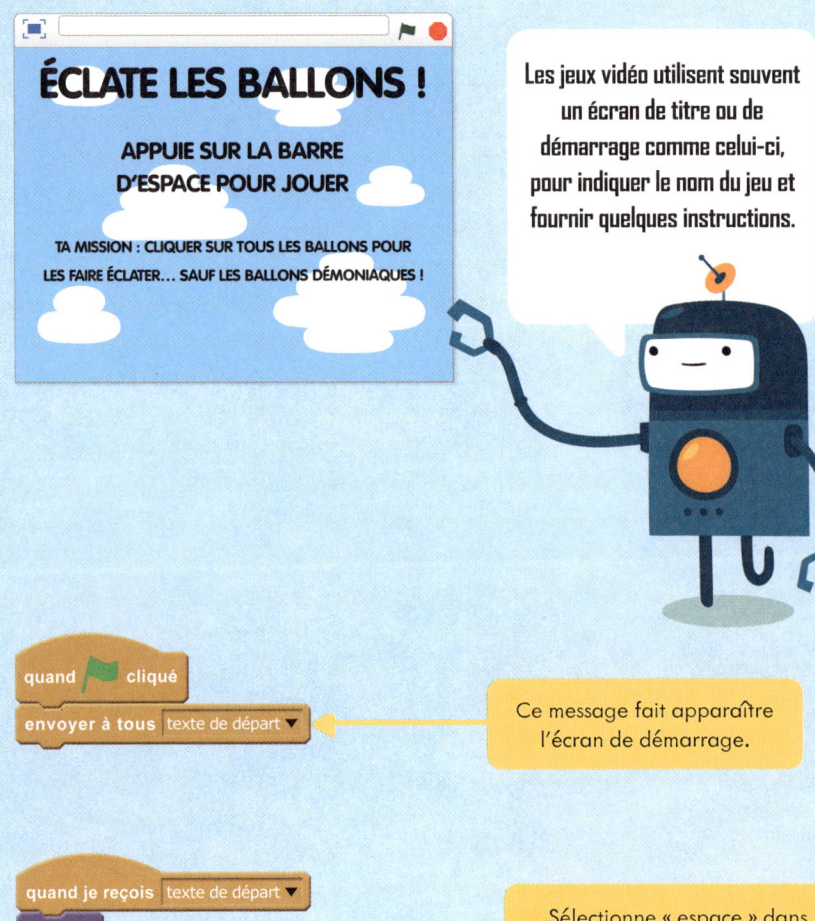

Les jeux vidéo utilisent souvent un écran de titre ou de démarrage comme celui-ci, pour indiquer le nom du jeu et fournir quelques instructions.

2 Sélectionne le lutin « texte de départ » et commence un script par un **drapeau vert** et un bloc **envoyer à tous**.

Ce message fait apparaître l'écran de démarrage.

3 Toujours sur « texte de départ », commence un nouveau script par **quand je reçois**, et ajoute un bloc **montrer** pour faire apparaître le lutin. Puis ajoute les blocs **attendre jusqu'à / touche espace pressée** et **envoyer à tous**, pour faire démarrer le jeu quand tu appuies sur la barre d'espace. Termine par un bloc **cacher**, pour faire disparaître le lutin.

Sélectionne « espace » dans le menu déroulant, pour que le jeu détecte quand tu appuies sur la barre d'espace.

L'écran de démarrage est indépendant du drapeau vert : il s'affiche à chaque fois que le jeu recommence.

Script des ballons

1 Ajoute un lutin-ballon (balloon), à partir de la **Bibliothèque des lutins** ou du kit de démarrage Usborne. Vérifie qu'il est sélectionné, puis crée un script court composé d'un bloc **cacher** pour le faire disparaître tant que l'écran de démarrage est visible.

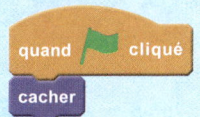 

2 Crée deux autres costumes pour ton ballon à l'aide des **outils de dessin**, ou utilise ceux du kit de démarrage Usborne.

Le costume « pop » apparaît quand tu fais éclater un ballon.

Le costume « doom » est celui du ballon démoniaque.

Score, vitesse et temps restant

3 Commence un nouveau script pour ton ballon par un bloc **quand je reçois**.

Ensuite, pour définir le fonctionnement du score, contrôler la vitesse des ballons et fixer une limite de temps au jeu, va dans la catégorie **Données** et crée de nouvelles variables : **score**, **vitesse** et **temps restant** (pour tous les lutins). Puis définis leurs valeurs de départ comme ci-contre.

Cela met le score à 0.

Plus ce chiffre est élevé, plus les ballons défilent vite et plus le jeu est difficile.

Augmente ce chiffre pour faire durer le jeu plus longtemps.

Si tu veux que le score et le temps de jeu restant apparaissent sur la scène, n'oublie pas de laisser les cases en face de ces deux variables cochées.

4 Pour que le jeu se poursuive tant qu'il reste du temps, ajoute une boucle **répéter jusqu'à**. Fais-la s'arrêter quand le temps restant est égal à 0, à l'aide d'un bloc **égal à** (catégorie **Opérateurs**).

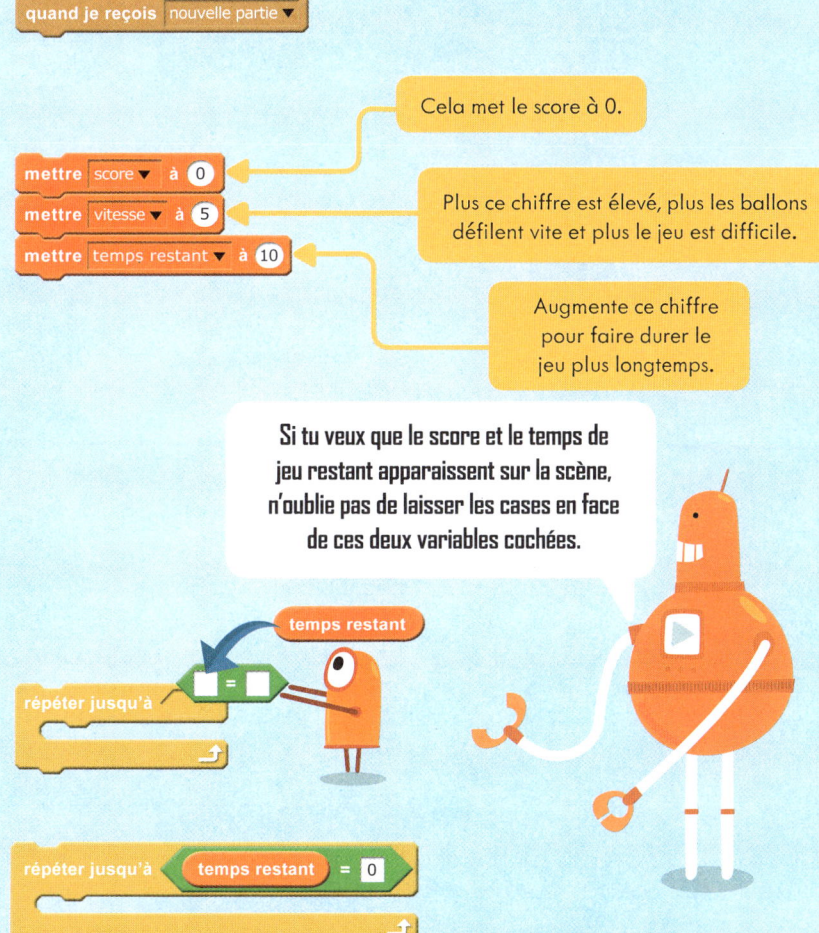

5 À l'intérieur de la boucle, insère un bloc **ajouter à temps restant**, pour que le chronomètre effectue un compte à rebours, et un bloc **ajouter à vitesse**, pour que les ballons défilent plus vite.

Puis ajoute un bloc **créer un clone**, pour qu'il y ait plus de ballons, suivi d'un bloc **attendre** de courte durée.

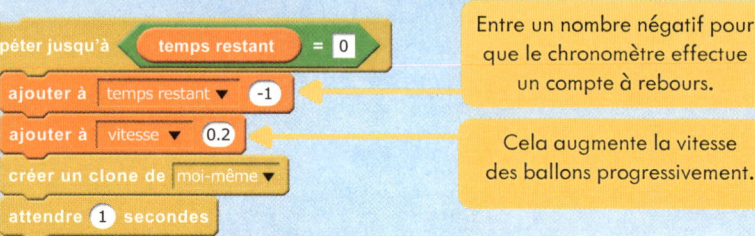

Entre un nombre négatif pour que le chronomètre effectue un compte à rebours.

Cela augmente la vitesse des ballons progressivement.

La boucle se répète jusqu'à ce que le chronomètre atteigne zéro. Tu peux définir l'intervalle du chronomètre à -1 ou -0,5.

6 En dessous, choisis un **son** pour conclure le jeu, puis ajoute un bloc **envoyer à tous** pour faire apparaître l'écran « Game Over » (voir page 77).

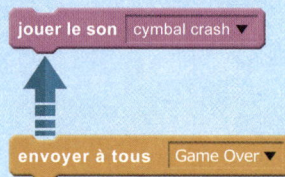

Gérer tes clones

1 Pour contrôler tes ballons-clones, commence un nouveau script pour le lutin-ballon avec les blocs **quand je commence comme un clone**, suivi de **basculer sur costume**. Choisis un chiffre aléatoire et utilise-le pour décider quand le clone devient un ballon « démoniaque ». Dans un tel cas, utilise un nouveau bloc **basculer sur costume** pour modifier son apparence.

Cela fait apparaître le clone dans son costume de départ, de ballon non éclaté.

Entre 1 et 6 pour qu'il y ait une chance sur 6 qu'un ballon démoniaque apparaisse à l'écran. (Plus l'intervalle est grand, moins il y aura de ballons démoniaques.)

Sélectionne ici le costume du ballon démoniaque (doom).

Un ballon démoniaque apparaît à chaque fois que le chiffre aléatoire choisi par l'ordinateur tombe sur 1.

2 Ensuite, fais apparaître le ballon-clone sur la scène. Utilise un bloc **aller à x y** avec un **nombre aléatoire** pour l'abscisse **x** et une valeur déterminée pour l'ordonnée **y**, de sorte que le clone puisse apparaître n'importe où le long du bas de la scène.

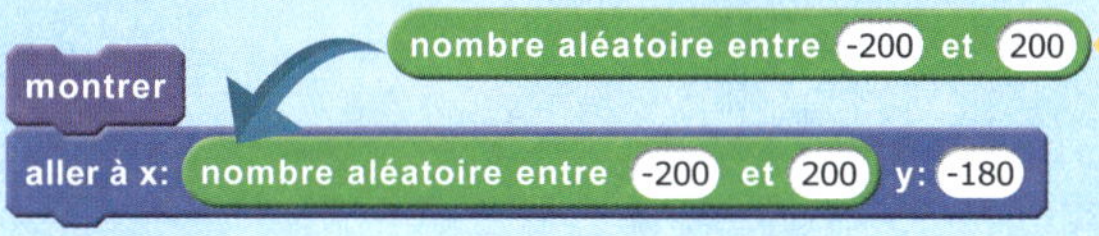

Entre -200 et 200 pour que les clones puissent apparaître tout le long du bas de la scène.

3 Pour que le clone s'envole, tu dois augmenter son ordonnée y. Prends une boucle **répéter jusqu'à** et insères-y un bloc **ajouter vitesse à y**. Fais s'exécuter la boucle jusqu'à ce que la valeur de **y** dépasse le haut de l'écran. Ajoute alors un bloc **supprimer ce clone**.

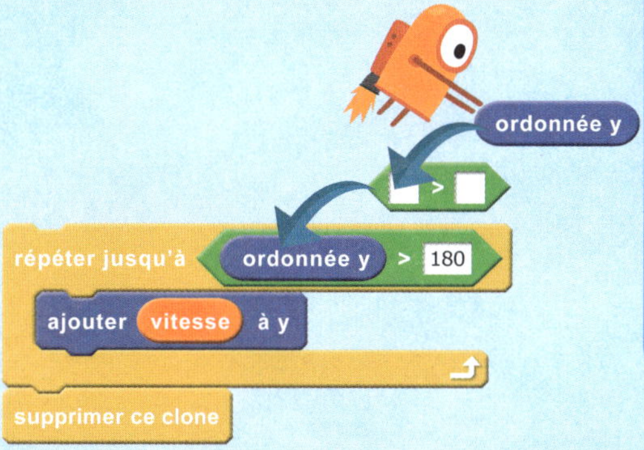

LES DIMENSIONS DE LA SCÈNE

Horizontalement, la scène s'étend entre -240 à gauche et 240 à droite. Verticalement, le bas correspond à -180 et le haut à 180.

4 Pour qu'il ne reste plus aucun ballon sur la scène à la fin de la partie, ajoute le script ci-contre.

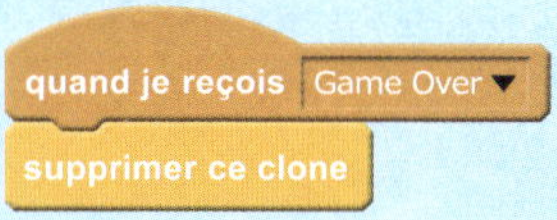

Et pop !

1 Pour faire éclater les ballons, commence un nouveau script par un bloc **quand ce lutin est cliqué**.

Ce qui se produit ensuite dépend de son costume. Tu dois donc prendre un bloc **si/alors** et y insérer la condition **costume n°** (catégorie **Apparence**) comme ci-contre.

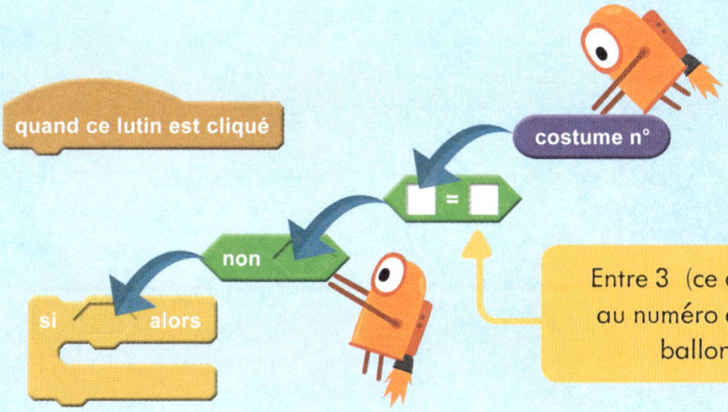

Entre 3 (ce qui correspond au numéro du costume du ballon éclaté).

En dessous, insère un bloc **stop**.

De la sorte, *seul* ce script gère à présent ce lutin.

2 Ensuite, il faut clairement indiquer ce qui se produit avec les autres costumes... Prends un bloc **si/sinon** et insères-y à nouveau la condition **costume n°**. Insère ce bloc à *l'intérieur* du bloc **si/alors** de l'étape 1.

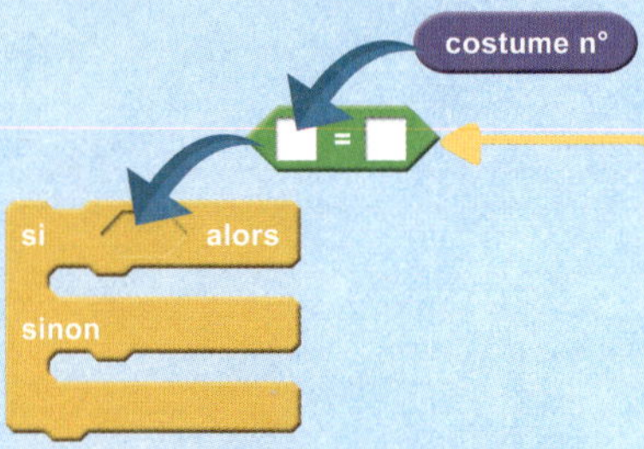

Entre le chiffre du costume de ballon ordinaire non éclaté.

3 *Si* c'est un ballon ordinaire, mets **jouer le son** « pop » et augmente le score. Si ce n'est pas un ballon ordinaire et qu'il n'a pas éclaté, alors il est forcément... DÉMONIAQUE ! Dans la section **sinon**, ajoute un bloc **jouer le son** (nous avons choisi un hurlement) et un bloc **mettre le temps restant à 0**.

Mettre le temps restant à 0 termine la partie.

4 Quel que soit le type de ballon, il doit maintenant basculer sur le costume « pop », puis disparaître.

UN SCRIPT ORDONNÉ
Si tu fais un clic droit sur l'aire des scripts et que tu sélectionnes NETTOYER, Scratch supprime automatiquement tous les blocs inutilisés et ordonne soigneusement tes scripts.

Le script complet

Ci-dessous et en haut de la page suivante, tu trouveras le script complet du lutin-ballon.

Cela cache le ballon tant que l'écran de démarrage s'affiche.

Ce script court permet de se débarrasser de tous les ballons restants à la fin de la partie.

Ces blocs réinitialisent le score, la vitesse et le temps restant.

Ces blocs commandent le décompte du chronomètre, l'accroissement de la vitesse et la création des clones.

Ce bloc fait apparaître l'écran « Game Over ».

76

Ce script gère le déplacement des clones et l'apparition des ballons démoniaques.

Ce script détermine ce qui arrive quand tu cliques sur un ballon.

Ceci est le costume du ballon éclaté.

Le nombre aléatoire décide si le ballon est ou non démoniaque.

Ceci est le costume de départ (non éclaté).

Cela détermine l'endroit où le ballon apparaît.

Grâce à ce bloc, le ballon s'envole puis disparaît.

Cette section détermine ce qui se produit avec un ballon démoniaque.

Game Over

1 Pour ajouter un écran « Game Over », tu dois créer un autre lutin-texte comme celui ci-contre.

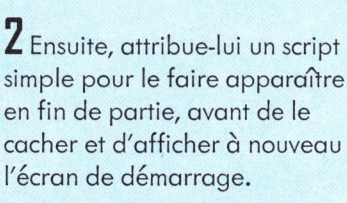

JOUER
En ligne, le jeu fonctionnera mieux si tu cliques sur MONTRER LA PAGE DU PROJET avant de jouer. Clique ensuite sur VOIR À L'INTÉRIEUR pour revenir à ton écran de programmation.

2 Ensuite, attribue-lui un script simple pour le faire apparaître en fin de partie, avant de le cacher et d'afficher à nouveau l'écran de démarrage.

Sélectionne le message que tu as créé à l'étape 6, page 74.

Ce message fait à nouveau apparaître l'écran de démarrage.

Une bande-son

3 Si tu as envie d'associer une bande-son à ton jeu, sélectionne l'**arrière-plan** et ajoute un script comme celui ci-contre. La bande-son sera jouée aussi pendant les écrans de démarrage et en fin de partie.

Informations utiles

Tu trouveras dans cette section : une liste détaillée des blocs de toutes les catégories, un glossaire des termes de l'informatique et des conseils pour profiter au mieux du site web de Scratch ainsi que des ressources en ligne comme les **Quicklinks d'Usborne** (www.usborne.com/quicklinks/fr).

Sauvegarder et partager

Scratch sauvegarde automatiquement tout ce que tu fais, mais si tu veux conserver un projet après l'avoir terminé, tu dois lui donner un nom. Si tu utilises Scratch en ligne, tu dois ouvrir un **compte Scratch** pour accéder à cette fonction.

Ouvrir un compte Scratch

Pour ouvrir un compte Scratch, tu dois demander la permission d'un adulte.

1 Va sur le site web de Scratch (**https://scratch.mit.edu**), ou utilise le lien sur les **Quicklinks d'Usborne**. Puis clique sur **Rejoindre Scratch**.

Quand tu as ouvert un compte, tu peux cliquer sur « Se connecter » pour y accéder.

2 Choisis un **nom d'utilisateur** et un **mot de passe**. Suis les étapes et fournis les informations demandées, y compris une adresse courriel.

3 Ensuite, Scratch t'envoie un courriel. Quand tu le reçois, suis les instructions pour confirmer la création de ton compte.

Nommer et retrouver tes projets

1 Quand tu crées un nouveau projet, donne-lui un nom dans la case située au-dessus de la scène. Il sera ainsi sauvegardé automatiquement dans un dossier intitulé « Mes projets ».

2 Pour voir les projets sauvegardés, clique sur le dossier « S » dans le coin en haut à droite de la page. Pour ouvrir un projet, clique dessus.

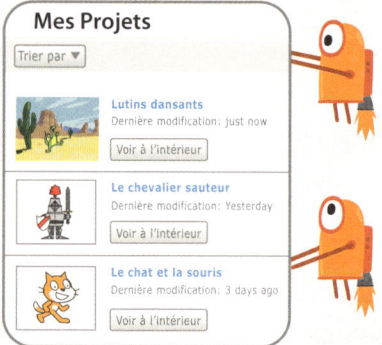

Le compte Scratch d'Usborne

Tu peux voir les versions complètes de tous les scripts présentés dans ce livre sur le compte Scratch d'Usborne. Va sur le site Internet **www.usborne.com/quicklinks/fr** pour trouver le lien et toutes les instructions.

MISES À JOUR

La version en ligne de Scratch étant constamment mise à jour et enrichie, il est possible que certains détails changent, auquel cas tu trouveras des mises à jour sur les **Quicklinks d'Usborne**.

Partager tes projets

Si tu décides de partager un projet, pense à ajouter des instructions indiquant comment il fonctionne.

1 Clique sur **Montrer la page du projet** et indique par exemple où il faut cliquer.

2 Ensuite, clique sur le bouton **Partager**. À présent, d'autres personnes peuvent tester ton programme.

> **APPRENDRE TOUJOURS PLUS**
> En partageant tes projets et en consultant ceux des autres, tu as l'occasion d'échanger des commentaires constructifs et d'en apprendre toujours plus. Sur le site web de Scratch, il est très facile de partager tes créations avec les autres utilisateurs.

Pour revenir à l'écran de programmation, clique sur **Voir à l'intérieur**.

Le remixage

Le site Scratch te permet aussi d'explorer les projets d'autres utilisateurs et d'en créer ta propre version. On appelle cela un **remixage**.

1 Ouvre n'importe quel projet et clique sur **Voir à l'intérieur** pour en consulter le script.

2 Modifie-le ou ajoute tes propres idées, puis clique sur **Remix**. Ta nouvelle version sera sauvegardée dans le dossier « Mes projets ».

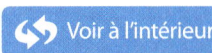

Le bouton **Explorer**, en haut de l'écran, te permet d'afficher les pages de projets que tu peux explorer et remixer.

Le Sac à dos

Le **Sac à dos** te permet de conserver des scripts, des lutins et des arrière-plans pour les utiliser ultérieurement.

1 Ton Sac à dos se trouve en bas de l'écran. Clique sur la barre pour l'ouvrir.

2 Fais glisser scripts, lutins et arrière-plans dans ton Sac à dos pour les y conserver. Pour les enlever, fais un clic droit dessus puis choisis supprimer.

Pour utiliser un élément conservé dans ton Sac à dos, il te suffit de le faire glisser sur l'écran de ton projet.

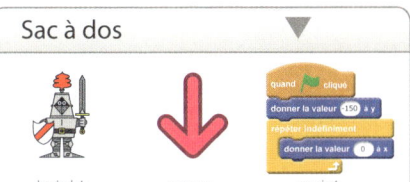

Les catégories de blocs

Tu trouveras ici la liste détaillée des blocs de chaque catégorie.

MOUVEMENT

Les blocs de la catégorie **Mouvement** servent à déplacer les lutins sur la scène.

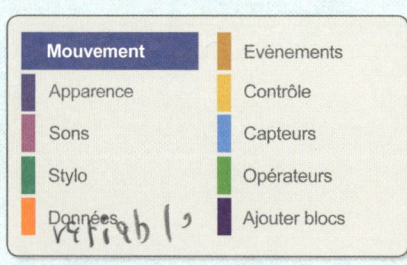

Les instructions ordinaires se trouvent dans des blocs rectangulaires, appelés aussi blocs **empilables**, parce qu'on peut les empiler les uns sur les autres.

- **avancer de 10** — fait avancer le lutin d'un certain nombre de pas dans la direction dans laquelle il se trouve
- **tourner ↻ de 15 degrés** — tourne le lutin vers la droite
- **tourner ↺ de 15 degrés** — tourne le lutin vers la gauche
- **s'orienter à 90** — définit la direction du lutin sélectionné, indiquée en degrés (90 degrés = droite, -90 = gauche)
- **s'orienter vers** — oriente le lutin vers un élément (sélectionné à partir du menu déroulant)
- **aller à x: 0 y: 0** — place immédiatement le lutin aux coordonnées indiquées
- **aller à pointeur souris** — place le lutin au même endroit qu'un autre élément sélectionné à partir du menu déroulant, par exemple le pointeur de la souris
- **glisser en 1 secondes à x: 0 y: 0** — fait progressivement avancer le lutin vers les coordonnées indiquées dans un délai donné
- **ajouter 10 à x** — modifie la coordonnée **x**, ou gauche-droite, du lutin (la valeur peut varier de 240 à -240)
- **donner la valeur 0 à x** — définit la position **x**, ou gauche-droite, du lutin (0 correspond au centre)
- **ajouter 10 à y** — modifie la coordonnée **y**, ou haut-bas, du lutin (la valeur peut varier de 180 à -180)
- **donner la valeur 0 à y** — définit la position **y**, ou haut-bas, du lutin (0 correspond au centre)
- **rebondir si le bord est atteint** — inverse la direction du lutin quand il atteint le bord de la scène
- **fixer le sens de rotation position à droite ou à gauche** — définit si ton lutin peut se retourner, se retrouver la tête en bas, ou être toujours tourné dans la même direction
- **abscisse x** — permet d'utiliser la position **x** du lutin en tant que variable
- **ordonnée y** — permet d'utiliser la position **y** du lutin en tant que variable
- **direction** — permet d'utiliser la direction du lutin en tant que variable

EVÈNEMENTS

Les blocs de la catégorie **Evènements** déterminent le moment où les choses se produisent.

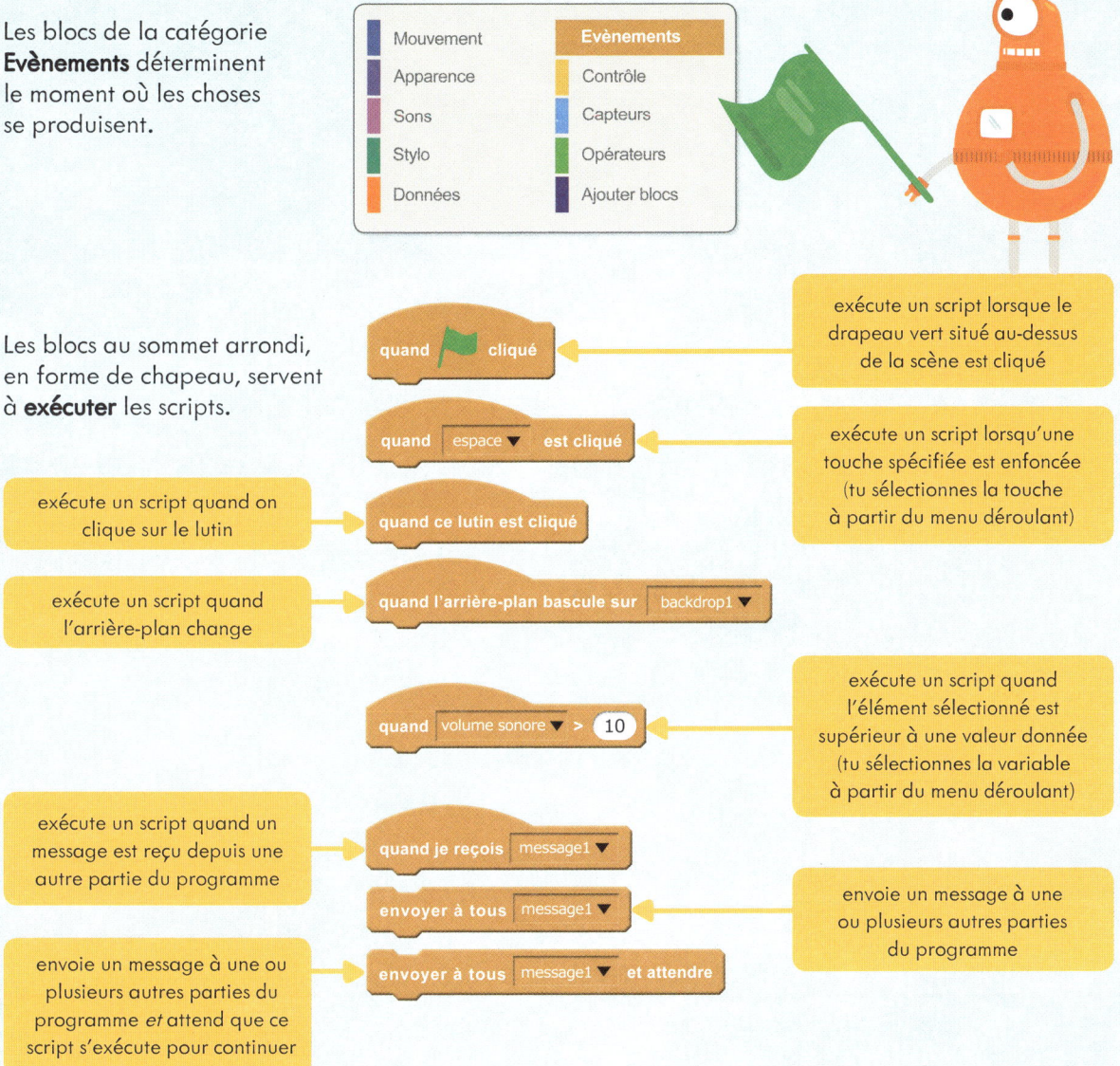

Les blocs au sommet arrondi, en forme de chapeau, servent à **exécuter** les scripts.

quand [drapeau vert] cliqué — exécute un script lorsque le drapeau vert situé au-dessus de la scène est cliqué

quand [espace ▼] est cliqué — exécute un script lorsqu'une touche spécifiée est enfoncée (tu sélectionnes la touche à partir du menu déroulant)

exécute un script quand on clique sur le lutin — quand ce lutin est cliqué

exécute un script quand l'arrière-plan change — quand l'arrière-plan bascule sur [backdrop1 ▼]

quand [volume sonore ▼] > [10] — exécute un script quand l'élément sélectionné est supérieur à une valeur donnée (tu sélectionnes la variable à partir du menu déroulant)

exécute un script quand un message est reçu depuis une autre partie du programme — quand je reçois [message1 ▼]

envoyer à tous [message1 ▼] — envoie un message à une ou plusieurs autres parties du programme

envoie un message à une ou plusieurs autres parties du programme *et* attend que ce script s'exécute pour continuer — envoyer à tous [message1 ▼] et attendre

AIDE EN LIGNE

Quand tu utilises Scratch en ligne sur ton ordinateur, il existe deux façons d'en savoir plus sur les blocs. Tu peux faire un clic droit sur n'importe quel bloc et sélectionner AIDE. Cela fait apparaître une liste des choses que le bloc peut faire, avec des exemples.
Tu peux aussi cliquer sur l'onglet Conseils, au-dessus de la scène, puis sur l'onglet BLOCS, en haut à droite de la fenêtre qui s'ouvre à droite de la page.

APPARENCE

Les blocs de la catégorie **Apparence** commandent l'apparence des lutins et des arrière-plans, y compris les bulles de texte et les effets spéciaux.

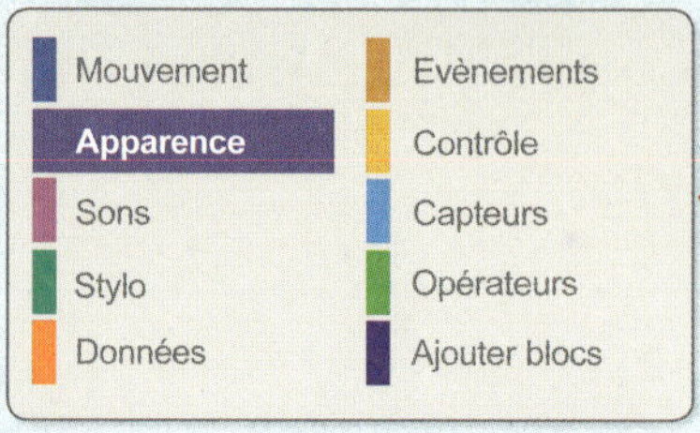

■ Mouvement	■ Evènements
■ Apparence	■ Contrôle
■ Sons	■ Capteurs
■ Stylo	■ Opérateurs
■ Données	■ Ajouter blocs

`dire Hello! pendant 2 secondes` — attribue une bulle de texte à un lutin pendant un certain nombre de secondes

`dire Hello!` — attribue une bulle de texte à un lutin

`penser à Hmm... pendant 2 secondes` — attribue une bulle de pensée à un lutin pendant un certain nombre de secondes

`penser à Hmm...` — attribue une bulle de pensée à un lutin

`montrer` — fait apparaître le lutin sur la scène

`cacher` — fait disparaître le lutin de la scène

`basculer sur costume costume2` — change le costume (c'est-à-dire l'apparence) du lutin

`costume suivant` — bascule sur le costume suivant du lutin (dans la liste de ses costumes)

`basculer sur l'arrière-plan backdrop1` — change l'arrière-plan

`ajouter à l'effet couleur 25` — réduit ou augmente un effet particulier sur le lutin (jusqu'à un maximum de 100 %)

`mettre l'effet couleur à 2` — attribut un effet spécial (sélectionné dans le menu déroulant) au lutin

`annuler les effets graphiques` — efface tous les effets graphiques pour un lutin

`ajouter 10 à la taille` — augmente (avec un chiffre positif) ou diminue (avec un chiffre négatif) la taille du lutin

`mettre à 100 % de la taille initiale` — définit la taille du lutin en tant que pourcentage de sa taille de départ habituelle

`envoyer au premier plan` — déplace le lutin sélectionné devant tous les autres lutins

`déplacer de 1 plans arrière` — déplace en arrière le lutin d'un certain nombre de plans

Les blocs aux extrémités arrondies représentent différentes **variables** (des valeurs auxquelles tu attribues un nom et que tu peux modifier). Ils s'insèrent dans d'autres blocs : tu ne peux pas les utiliser seuls. Voir aussi page 87.

`costume n°` — permet d'utiliser le « n° de costume » en tant que variable

`nom de l'arrière-plan` — permet d'utiliser le « nom de l'arrière-plan » en tant que variable

`taille` — permet d'utiliser la « taille » en tant que variable

CONTRÔLE

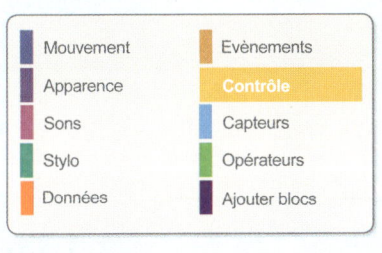

Les blocs de la catégorie **Contrôle** commandent le programme lui-même, y compris quand et pendant combien de temps il s'exécute. Ces blocs permettent aussi de créer des clones, c'est-à-dire des copies exactes d'un lutin.

`attendre 1 secondes` → impose une pause à ce script

Des blocs peuvent être insérés dans les blocs en forme de C, souvent pour créer des **boucles** d'actions qui se répètent.

`répéter 10 fois` → exécute les blocs situés à l'intérieur un nombre spécifié de fois

exécute indéfiniment les blocs situés à l'intérieur ← `répéter indéfiniment`

Les boucles se terminent toujours par une flèche tournée vers le haut.

Les blocs en forme de C **si/alors/sinon** permettent de définir des conditions pour que d'autres choses se produisent.

`si … alors` → exécute les blocs situés à l'intérieur SI la condition est remplie

exécute les blocs situés à l'intérieur de la première portion SI la condition est remplie ; autrement, les blocs de la seconde portion s'exécutent ← `si … alors / sinon`

attend qu'une certaine condition soit remplie ← `attendre jusqu'à`

`répéter jusqu'à` → exécute en **boucle** les blocs situés à l'intérieur jusqu'à ce que la condition soit remplie

arrête certains scripts (sélectionnés dans le menu déroulant) ← `stop tout`

`quand je commence comme un clone` → exécute ce script quand un clone (un lutin dupliqué) est créé

crée un clone d'un lutin donné (sélectionné dans le menu déroulant) ← `créer un clone de moi-même`

Les **blocs conclusifs** (ceux dont le bord inférieur est droit) servent à terminer les scripts.

`supprimer ce clone` → supprime un clone

SONS

Les blocs de la catégorie **Sons** commandent les sons. Scratch dispose d'une bibliothèque de sons que tu peux utiliser. Rappelle-toi simplement d'ajouter d'abord chaque son de la bibliothèque à ton script. Tu peux aussi enregistrer tes propres sons.

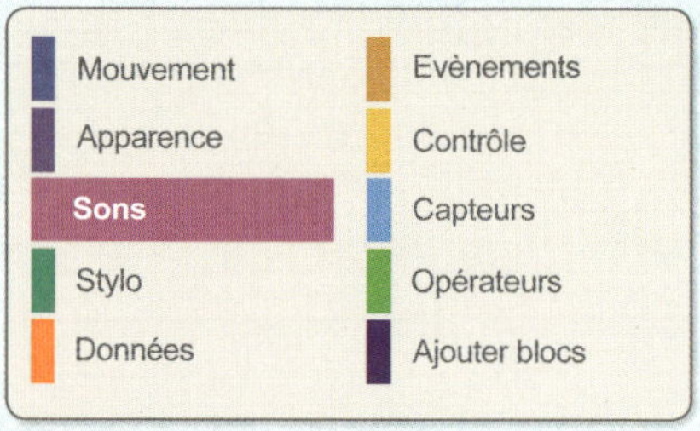

Mouvement	Evènements
Apparence	Contrôle
Sons	Capteurs
Stylo	Opérateurs
Données	Ajouter blocs

jouer le son [meow ▼] — joue une fois un son sélectionné dans le menu déroulant

jouer le son [meow ▼] jusqu'au bout — joue le son jusqu'à ce qu'il soit terminé

arrêter tous les sons — arrête tous les sons en cours de lecture

jouer du tambour (1▼) pendant (0.25) temps — joue l'instrument à percussion sélectionné pendant un certain temps

faire une pause pour (0.25) temps — ne joue rien pendant un certain temps avant de reprendre

jouer la note (60▼) pendant (0.5) temps — joue une note donnée (indiquée par un nombre) sur l'instrument sélectionné, pendant un certain temps

choisir l'instrument n° (1▼) — sélectionne un instrument

ajouter (-10▼) au volume — augmente (avec un nombre positif) ou réduit (avec un nombre négatif) le volume du son

mettre le volume au niveau (100) % — définit le volume

volume — permet d'utiliser le « volume » en tant que variable

ajouter (20) au tempo — accélère (avec un chiffre positif) ou ralentit (avec un chiffre négatif) le tempo des notes

mettre le tempo à (60) bpm — définit le rythme ou « tempo »

tempo — permet d'utiliser le « tempo » en tant que variable

CAPTEURS

Les blocs de la catégorie **Capteurs** servent à définir les conditions d'autres blocs. La plupart ont des extrémités arrondies ou pointues. Ils s'insèrent dans d'autres blocs et ne peuvent pas être utilisés seuls.

Les blocs pointus servent à définir les **conditions si**. Dans Scratch, on les appelle parfois des **variables booléennes**, parce qu'ils utilisent une logique simple de type oui-non, appelée booléenne.

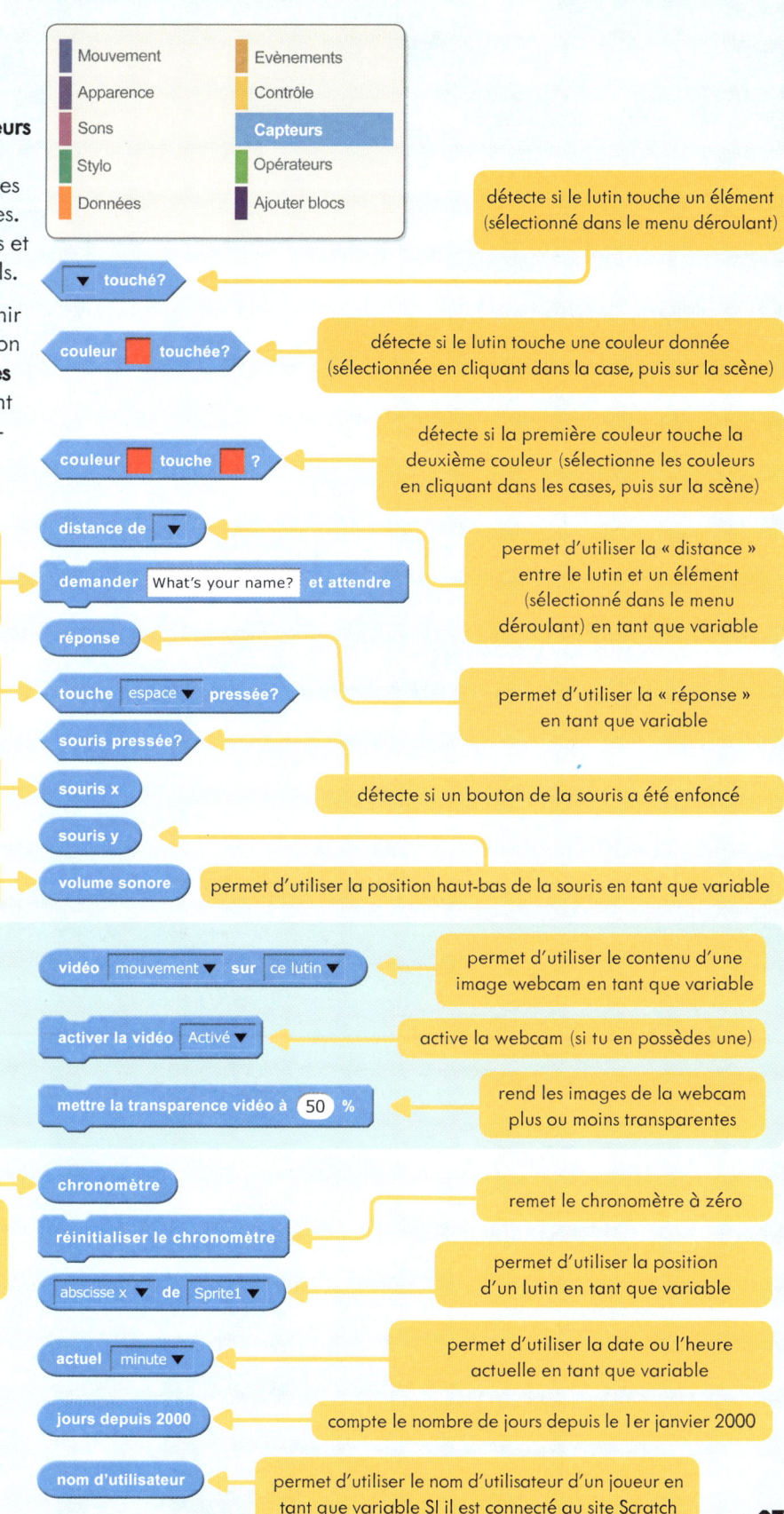

commande à un lutin de poser une question et d'attendre jusqu'à ce qu'une réponse soit fournie

détecte si une touche donnée (sélectionnée dans le menu déroulant) a été enfoncée

permet d'utiliser la position gauche-droite de la souris en tant que variable

permet d'utiliser le « volume sonore » en tant que variable

Attention : demande la permission d'un adulte avant d'utiliser une webcam. Pour en savoir plus, consulte la rubrique de « conseils sur l'utilisation d'Internet » du site **Quicklinks d'Usborne**.

enregistre le temps écoulé et te permet d'utiliser cet élément en tant que variable

Les blocs arrondis représentent des **variables**. Dans Scratch, on les appelle aussi des **blocs « reporters »**, car ils confirment ou « rapportent » leur valeur aux blocs dans lesquels ils sont insérés.

87

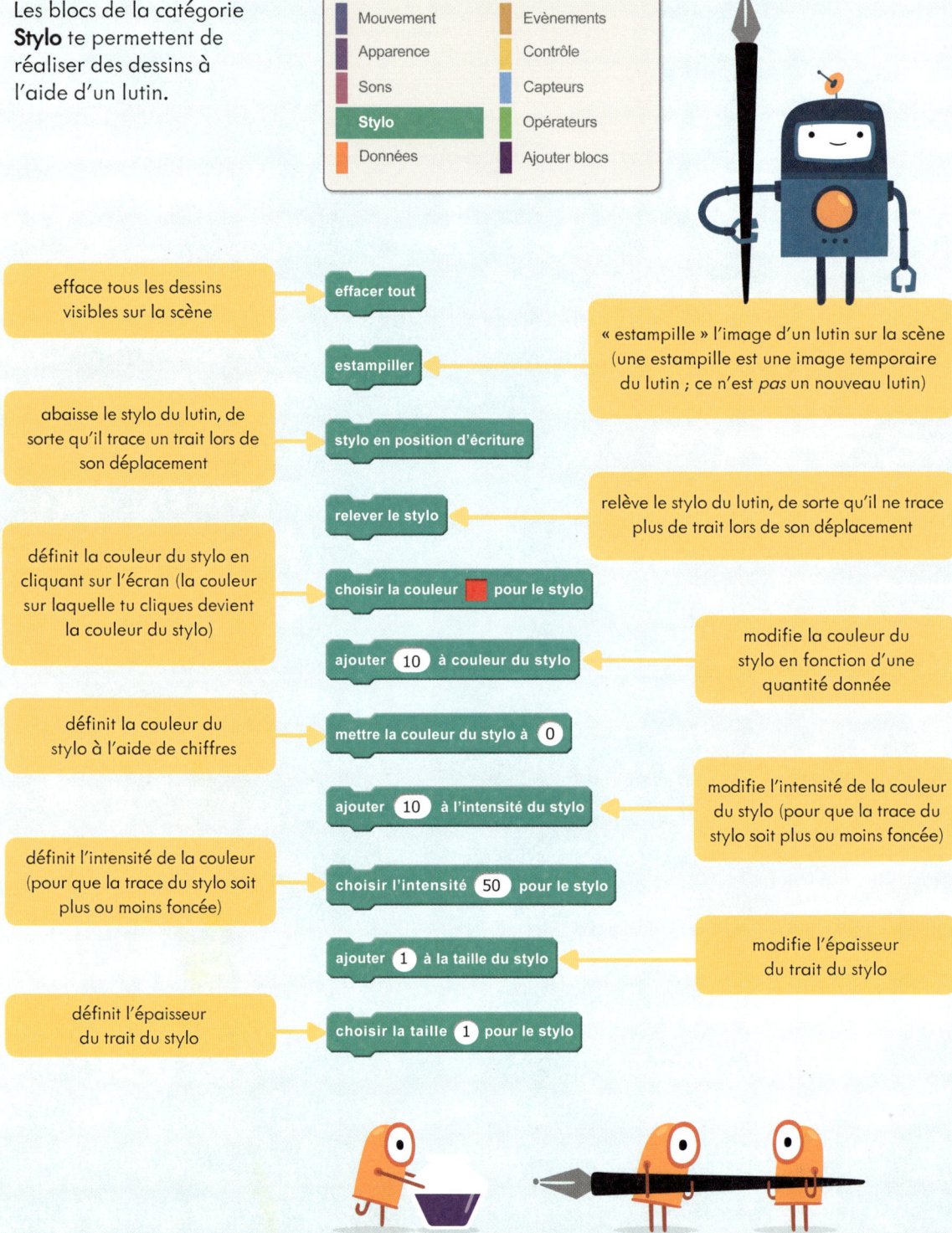

OPÉRATEURS

Les blocs de la catégorie **Opérateurs** servent à effectuer des calculs et à définir des conditions associées à « et », « ou » et « non » (souvent qualifiées de « logiques » en programmation).

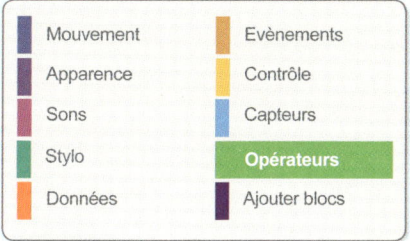

Tous les blocs **Opérateurs** ont des extrémités arrondies ou pointues et s'insèrent obligatoirement dans d'autres blocs.

Ces blocs arrondis (ou **« reporters »**) te permettent d'effectuer des calculs avec différentes variables.

- `+` → additionne
- `-` → soustrait
- `*` → multiplie
- `/` → divise
- `nombre aléatoire entre 1 et 10` → choisit un nombre au hasard

Les blocs pointus (ou **variables booléennes**), définissent des conditions.

- tu dois entrer des chiffres ou des variables dans les cases blanches
- il faut insérer des blocs aux extrémités pointues dans ces cases

- `< ` → détecte si la première valeur est inférieure à la seconde
- `=` → détecte si les deux valeurs sont égales
- `>` → détecte si la première valeur est supérieure à la seconde
- `et` → détecte si les deux conditions sont remplies
- `ou` → détecte si l'une des deux conditions est remplie
- `non` → détecte si une condition n'est *pas* remplie

- associe deux variables → `regroupe hello world`
- `lettre 1 de world` → prend une lettre spécifique d'un mot (ici, la lettre 1 est « w »)
- compte le nombre de caractères d'un mot → `longueur de world`
- `modulo` → donne le reste de la division du premier chiffre par le second
- arrondit une valeur au nombre entier le plus proche → `arrondi de`
- `racine ▼ de 9` → permet d'effectuer des calculs complexes, comme trouver une racine carrée ou déterminer des angles à l'aide de la trigonométrie

DONNÉES

Les blocs de la catégorie **Données** permettent de gérer les informations, que ce soit sous forme d'une simple donnée, appelée une **variable**, ou d'une **liste**.

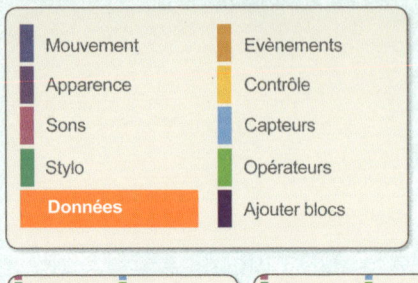

Tu peux déplacer toute variable ou liste qui apparaît sur la scène en la faisant glisser.

Pour utiliser les blocs **Données**, tu dois d'abord dire à l'ordinateur de « Créer une variable » OU de « Créer une liste ».

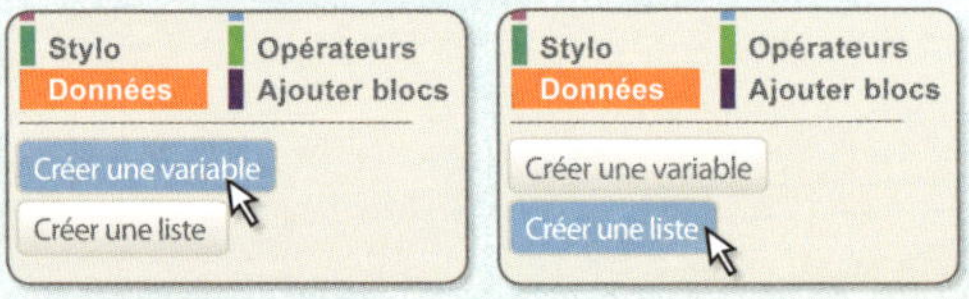

Lorsque tu cliques sur « Créer une variable », il t'est demandé de lui donner un nom*. Ensuite, une série de nouveaux blocs comportant ce nom apparaît dans la catégorie **Données**.

Les **variables** servent à gérer des nombres variables, comme la vitesse ou le score d'un jeu.

- permet d'utiliser cette variable dans d'autres blocs
- si cette case est cochée, la variable apparaît sur la scène
- définit la variable comme indiqué
- modifie la variable comme indiqué
- fait apparaître la variable sur la scène (tu peux ensuite la faire glisser où tu veux)
- fait disparaître la variable de la scène

Lorsque tu cliques sur « Créer une liste », il t'est demandé de lui donner un nom. Ensuite, une série de nouveaux blocs comportant ce nom apparaît dans la catégorie **Données**.

Les **listes** servent à enregistrer plusieurs données, comme une série de scores dans un jeu.

- permet d'utiliser cette liste dans d'autres blocs
- si cette case est cochée, la liste apparaît sur la scène
- ajoute un élément donné à la fin d'une liste
- supprime un ou tous les éléments d'une liste
- ajoute un élément dans la liste, à la place indiquée
- remplace un élément dans la liste par un autre

- permet d'utiliser un élément donné de la liste en tant que variable
- permet d'utiliser le nombre d'éléments de la liste en tant que variable
- détecte si la liste contient un élément particulier
- fait apparaître la liste sur la scène
- fait disparaître la liste de la scène

* Tu peux aussi décider si la variable s'appliquera « Pour tous les lutins » (auquel cas elle peut être utilisée dans n'importe quelle partie de ton script) ou « Pour ce lutin uniquement » (auquel cas elle ne peut être utilisée que pour ce lutin particulier).

AJOUTER BLOCS

La catégorie **Ajouter blocs** te permet de créer tes propres **blocs personnalisés**. Chacun d'eux contient une section de code réutilisable. Les programmeurs utilisent souvent cette fonctionnalité. Dans d'autres langages informatiques, on appelle cela créer une **routine**.

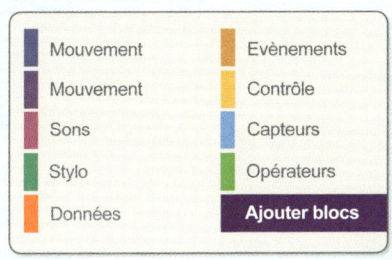

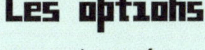

Clique sur « Créer un bloc »…

… et donne un nom à ton nouveau bloc (par exemple « nouveau bloc »)…

Un bloc **définir** apparaîtra dans l'**aire des scripts**.

Place des blocs en dessous pour indiquer à l'ordinateur ce que ton nouveau bloc doit faire.

Ton nouveau bloc apparaîtra alors dans la catégorie **Ajouter blocs**. Tu peux l'utiliser comme raccourci pour t'éviter de recomposer la même pile de blocs à chaque fois. Ou tu peux t'en servir pour modifier le mode d'exécution de ces blocs (voir l'option 3 ci-contre).

Les options

Quand tu crées un nouveau bloc, tu peux choisir d'ajouter différents éléments.

1 Ajoute un espace pour insérer d'autres blocs tels que des variables ou des conditions (une variable constituée de caractères s'appelle une **chaîne**).

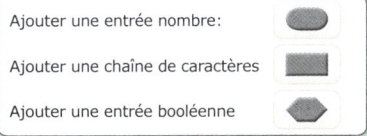

2 Insère un label (une étiquette) contenant des informations sur le nouveau bloc.

3 Coche la case « Exécuter sans rafraîchissement de l'écran » pour que le nouveau bloc s'exécute sans « rafraîchissement », c'est-à-dire sans mise à jour de l'image visible à l'écran, jusqu'à ce que toutes les commandes qu'il comporte soient exécutées.

Les extensions

Ajouter une extension

L'ajout d'extensions fait apparaître des blocs supplémentaires pouvant servir à commander certains jouets électroniques.

Glossaire

abscisse x Coordonnée horizontale (droite-gauche) permettant de déterminer la position d'un point dans un plan (dans *Scratch*, sur la *scène*).

à défilement ininterrompu Type de jeu se poursuivant jusqu'à ce que le joueur fasse une erreur.

aire des lutins Dans *Scratch*, partie de l'écran où apparaissent tous les lutins d'un même projet.

aire des scripts Dans *Scratch*, partie de l'écran où sont empilés les blocs de code composant les *scripts* d'un *lutin* particulier.

aléatoire Qui n'est pas défini par un modèle ou un système, donc complètement imprévisible.

animation Série d'images montrées les unes après les autres de façon à créer une impression de mouvement.

arrière-plan Dans *Scratch*, image qui sert de décor à la *scène*.

Bibliothèque d'arrière-plans Dans *Scratch*, liste de tous les *arrière-plans* disponibles.

Bibliothèque des lutins Dans *Scratch*, liste de tous les *lutins* disponibles.

Bibliothèque des sons Dans *Scratch*, liste de tous les sons disponibles.

binaire Système de numération basé sur le 1 et le 0 et utilisé par tous les *ordinateurs*.

bitmap En informatique, image constituée d'une multitude de points ou *pixels*. Dans *Scratch*, mode de *dessin* permettant de dessiner pixel par pixel.

bloc Dans *Scratch*, unité de *code*. Tu peux en associer plusieurs pour constituer un *script*.

bloc booléen Dans *Scratch*, un *bloc reporter* à deux options : vrai/faux ou oui/non.

blocs chapeaux ou blocs de départ. Dans *Scratch*, ils exécutent tous les blocs insérés en dessous d'eux.

bloc conclusif Dans *Scratch*, bloc qui termine ou conclut un *script*. Ces blocs ont un bord inférieur droit : tu ne peux rien insérer en dessous.

bloc empilable Dans *Scratch*, bloc ordinaire rectangulaire qui en accepte d'autres au-dessus et en dessous de lui.

bloc en forme de C Dans *Scratch*, blocs qui se placent autour d'autres blocs, comme les *boucles* et les blocs introduisant une condition *si...* Leur forme aide à maîtriser la *syntaxe* et à obtenir une structure bien claire.

bloc personnalisé Dans *Scratch*, bloc unique qui peut en contenir toute une série d'autres. Tu peux créer tes propres blocs personnalisés dans la catégorie *Ajouter blocs*.

bloc reporter Dans *Scratch*, bloc utilisé dans un autre bloc et contenant une valeur (comme une *variable* ou une *chaîne*) qu'il confirme ou « rapporte » au bloc dans lequel il est inséré.

boucle Section de *code* qui se répète.

boucle imbriquée Boucle à l'intérieur d'une autre boucle.

bouton drapeau vert Dans *Scratch*, exécute tous les *scripts* comportant un bloc de départ « quand drapeau vert cliqué ».

bouton rouge Dans *Scratch*, bouton qui arrête tous les *scripts*.

bpm Pulsation ou battement par minute, unité utilisée pour mesurer le *tempo* de la musique.

bug Erreur dans le *code* qui empêche un *programme* de s'exécuter correctement.

catégorie Dans *Scratch*, un groupe de blocs d'un type particulier, comme *Mouvement* ou *Apparence*.

catégorie Ajouter blocs Dans *Scratch*, options te permettant de créer des *blocs personnalisés*.

catégorie Apparence Dans *Scratch*, groupe de *blocs* servant à modifier l'apparence des éléments de la *scène*.

catégorie Capteurs Dans *Scratch*, groupe de *blocs* servant à faire réagir les *lutins* en fonction de certaines *conditions*.

catégorie Contrôle Dans *Scratch*, groupe de *blocs* servant à commander une série d'autres blocs, ou *scripts*.

catégorie Données Dans *Scratch*, groupe de *blocs* servant à la gestion des *variables* et des *listes*.

catégorie Evènements Dans *Scratch*, groupe de *blocs* servant à exécuter et arrêter les *scripts*.

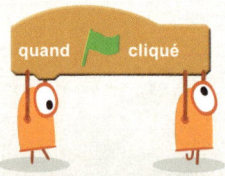

catégorie Mouvement Dans *Scratch*, groupe de *blocs* servant à déplacer les *lutins* sur la *scène*.

catégorie Opérateurs Dans *Scratch*, groupe de *blocs* servant à effectuer des calculs et définir des *conditions* selon le principe de la *logique booléenne*.

catégorie Sons Dans *Scratch*, groupe de *blocs* contrôlant la musique et les effets sonores.

catégorie Stylo Dans *Scratch*, groupe de *blocs* servant à dessiner à l'aide des lutins.

chaîne En informatique, suite de lettres ou chiffres que l'*ordinateur* traite en tant que caractères, et non en tant que nombre.

cliquer Sélectionner quelque chose en cliquant dessus à l'aide du bouton de la souris (toujours le bouton *gauche*, sauf quand on t'indique de « faire un clic droit »).

clone Copie identique. Dans *Scratch*, copie d'un *lutin*.

code Suite d'instructions rédigées en *langage informatique*, indiquant à un *ordinateur* ce qu'il doit faire.

compte Scratch Un moyen d'utiliser *Scratch en ligne*, qui te permet de sauvegarder tes projets et de les partager avec d'autres utilisateurs.

condition En informatique, élément dont un ordinateur doit tenir compte avant de prendre une décision. Dans *Scratch*, les conditions sont définies par des *blocs booléens*.

constante En informatique, *donnée* fixe (c'est le contraire d'une *variable*).

coordonnées Ensemble des éléments qui permettent de déterminer la position horizontale (*abscisse x*) et verticale (*ordonnée y*) d'un point dans un plan.

costumes Dans *Scratch*, ce sont les différentes versions d'un même *lutin*.

curseur Indicateur utilisé pour se repérer lors d'une saisie de texte ou pour afficher la position de la souris, parfois appelé pointeur.

curseur de défilement Élément graphique permettant de sélectionner une valeur en déplaçant un curseur sur une échelle graduée.

débogage Réparer le *code* pour supprimer les erreurs, ou *bugs*.

défilement Déplacement vertical ou horizontal du contenu d'un écran de visualisation à l'intérieur d'une fenêtre.

données Informations utilisées par l'*ordinateur*. Toute donnée susceptible de changer doit être étiquetée – en général en créant des *variables* ou des *listes*. Une donnée qui ne change pas est parfois appelée une *constante*. Voir aussi *chaîne*.

dossier Regroupement de plusieurs *fichiers informatiques* qui ont été *sauvegardés*.

double-cliquer Cliquer deux fois avec le bouton gauche de la souris.

dupliquer Créer une ou plusieurs copies identiques.

écran de démarrage Premier écran que tu vois dans un jeu informatique, appelé aussi *écran titre*.

effacer Faire disparaître ou *supprimer* quelque chose, en général de l'écran.

effets graphiques (ou **spéciaux**) Effets qui modifient l'apparence d'une image.

ellipse Forme ronde ou ovale.

en ligne Quand un *ordinateur* est connecté à *Internet*.

envoyer à tous Dans *Scratch*, envoi d'un message d'une partie du *code* à une autre.

exécuter Lancer un *programme* ou un *script*.

extension de fichier Série de lettres précédées par un point dans le nom d'un fichier, qui indique à l'*ordinateur* quel type d'information se trouve dans le *fichier*. Par exemple .jpg désigne une image et .wav un son.

Extensions Dans *Scratch*, *blocs* supplémentaires pouvant être ajoutés pour commander certains jouets électroniques.

faire un clic droit Cliquer avec le bouton droit de la souris.

fenêtre En informatique, partie rectangulaire de l'écran à l'intérieur de laquelle sont affichées les informations relatives à un *programme*.

fichier Ensemble d'informations sauvegardées sur un *ordinateur*. Les différents types de fichiers ont différentes lettres après le point, ou *extensions de fichiers*.

glisser-déposer En informatique, déplacer un élément en gardant le bouton de la souris enfoncé.

hors-ligne Quand un *ordinateur* n'est pas connecté à *Internet*.

icône En informatique, petite image qui représente quelque chose, comme un *fichier*, une fonction ou une application.

icône haut-parleur Dans *Scratch*, bouton qui ouvre la *Bibliothèque des sons*.

icône lutin Dans *Scratch*, bouton qui ouvre la *Bibliothèque des lutins*.

icône microphone Dans *Scratch*, bouton qui permet d'enregistrer tes propres sons.

icône paysage Dans *Scratch*, bouton qui ouvre la *Bibliothèque d'arrière-plans*.

icône pinceau Dans *Scratch*, bouton qui permet d'accéder aux *outils de dessin*.

image vectorielle En informatique, image constituée de formes individuelles. Dans *Scratch*, mode de dessin qui te permet de dessiner à l'aide de différentes formes.

input Entrée de données dans un *ordinateur*.

instructions conditionnelles Instructions indiquant à l'*ordinateur* comment réagir aux différentes conditions, comme « répéter jusqu'à » et « si ».

Internet Vaste réseau qui permet aux *ordinateurs* du monde entier de communiquer entre eux.

langage informatique Langage conçu pour les *ordinateurs*, comportant une liste de mots bien précis et une *syntaxe*. *Scratch* est un langage informatique.

liste Un moyen de regrouper et de classer divers éléments d'information, quel que soit leur nombre, pour un *ordinateur*.

logique booléenne Logique que tous les *ordinateurs* utilisent pour résoudre les problèmes : toutes les décisions consistent à répondre à la simple question « oui ou non ? »

logique informatique Règles de base que tous les *ordinateurs* doivent respecter.

lutin Dans *Scratch*, image (de n'importe quel élément, y compris du texte) auquel tu peux associer des *scripts*.

mégaoctet Unité de mesure de capacité de mémoire valant environ un million d'*octets*.

menu Liste d'options.

menu déroulant Liste d'options qui apparaissent quand tu *cliques* sur ▼.

Mes Projets Si tu possèdes un *compte Scratch*, c'est là que tes projets sont sauvegardés.

mettre en ligne Envoyer des *données* ou des *fichiers* de ton *ordinateur* vers un autre endroit, pour que le contenu puisse être utilisé ou consulté *en ligne*.

mots-clés Mots correspondant à des instructions ayant une signification bien précise pour l'*ordinateur*, comme « avancer » ou « jouer ».

niveau Étape correspondant à un ensemble de difficultés à surmonter dans un jeu informatique.

nom de fichier Nom que tu donnes à un *fichier* que tu *sauvegardes* sur un *ordinateur*.

nom d'utilisateur Nom que tu utilises pour t'enregistrer sur un service en ligne, comme un *compte Scratch*.

octet Unité de mesure de la quantité de *données* informatiques. Voir aussi *mégaoctet*.

ordinateur Machine conçue pour exécuter des instructions et traiter des *données* ; on dit parfois qu'elle reçoit un *input* et qu'elle le transforme en *output*, ou résultats.

ordonnée y Coordonnée verticale (haut-bas) permettant de déterminer la position d'un point dans un plan (dans *Scratch*, sur la *scène*).

organigramme de programmation Représentation graphique de l'enchaînement des étapes d'un *programme* informatique.

outil de texte Dans *Scratch*, *outil de dessin* te permettant d'insérer des lettres sur ton dessin.

outils de dessin Dans *Scratch*, ensemble d'outils te permettant de créer tes propres *lutins* et *arrière-plans*.

output Sortie de données d'un ordinateur ; soit les résultats que tu obtiens d'un *ordinateur*.

palette En informatique, affichage d'options disponibles (en général des couleurs).

pile Dans *Scratch*, ensemble de *blocs* emboîtés.

pixéliser *Effet graphique* qui consiste à rendre apparent les *pixels* d'une image.

pixels Ensemble de points de couleurs constituant une image numérique.

plans Un moyen de diviser les images, de sorte que certaines parties semblent se trouver devant les autres.

pointeur de souris Flèche que tu vois à l'écran, qui se déplace quand tu bouges ta souris.

police de caractères Ensemble de caractères partageant le même style.

programmation Ensemble des activités liées à l'écriture, la mise au point et l'exécution de *programmes* informatiques.

programme Ensemble d'instructions en *langage informatique*, indiquant à l'*ordinateur* ce qu'il doit faire.

rafraîchissement de l'écran Renouvellement de l'affichage d'une image à l'écran.

recadrage (ou **rognage**) Opération par laquelle on coupe une image sur les bords pour en rectifier le contour.

remix Dans *Scratch*, nouvelle version d'un projet dont le *code* a été modifié.

répéter indéfiniment En informatique, instruction faisant répéter une section de *code*. Dans *Scratch*, cette commande est représentée par un *bloc en forme de C*.

répéter jusqu'à En informatique, instruction faisant répéter une section de *code* jusqu'à ce qu'une certaine *condition* soit remplie. Dans *Scratch*, cette commande est représentée par un *bloc en forme de C* comportant une *instruction conditionnelle*.

routine En informatique, portion de *code* destinée à être utilisée plus d'une fois ; dans *Scratch*, cette commande est représentée par les *blocs personnalisés*.

Sac à dos Sur ton *compte Scratch*, espace où tu peux conserver des *lutins*, des *arrière-plans* et des *scripts* pour les utiliser plus tard.

sauvegarder Conserver tes *fichiers* informatiques, de manière à pouvoir les réutiliser. Avec *Scratch*, tu peux le faire *en ligne* sur ton *compte Scratch*, ou *hors ligne* sur ton *ordinateur*.

scène Dans *Scratch*, endroit où tu vois ton *code* s'exécuter. La scène comporte sa propre aire de programmation, où tu peux créer des *scripts* pour gérer tes *arrière-plans* et tes effets sonores.

Scratch *Langage informatique* conçu tout spécialement pour apprendre la *programmation* aux débutants.

script Dans *Scratch*, suite d'instructions composée de *blocs* de *code* qui sont empilés les uns sur les autres.

Se connecter Accéder à un compte informatique avec un *nom d'utilisateur* et un mot de passe.

si/alors En informatique, *instruction conditionnelle* qui indique à l'*ordinateur* ce qu'il doit faire dans une situation donnée.

si/sinon En informatique, *instruction conditionnelle* qui indique à l'*ordinateur* ce qu'il doit faire dans deux situations différentes.

site web Page (ou ensemble de pages) que tu peux consulter sur *Internet*.

style de rotation Dans *Scratch*, façon dont un *lutin* change de direction lorsqu'il atteint le bord de la *scène*.

supprimer Effacer un élément de la mémoire de l'*ordinateur*.

syntaxe Ensemble des règles d'écriture d'un *programme* informatique.

télécharger *Sauvegarder* un élément provenant d'un *site web* sur un *ordinateur*.

tempo Vitesse d'exécution d'un morceau de musique, mesuré en *bpm*.

variable Un moyen d'étiqueter et de stocker une donnée pouvant varier au cours de l'exécution d'un programme.

webcam Caméra numérique reliée à un *ordinateur*.

zoom arrière Réduit la taille d'une image pour que tu puisses la voir en entier.

zoom avant Agrandit la taille d'une image pour que tu puisses la voir plus en détail.

Index

aide, 83
aire des lutins, 6, 92
aire des scripts, 6, 28, 32, 51, 92
arrière-plans, 13, 26, 29, 31, 66, 92

Bibliothèque d'arrière-plans, 13, 26, 92
Bibliothèque des lutins, 26, 92
Bibliothèque des sons, 13, 16, 51, 86, 92
bitmap, 32-33, 35, 92
blocs personnalisés, 71, 91, 92
booléen, 68, 87, 89, 92
boucles, 7, 8, 85, 92

catégorie Ajouter blocs, 71, 91, 92
catégorie Apparence, 6, 84, 92
catégorie Capteurs, 87, 92
catégorie Contrôle, 6, 85, 92
catégorie Données, 55, 90, 92
catégorie Evènements, 83, 92
catégorie Mouvement, 6, 82, 93
catégorie Opérateurs, 36, 89, 93
catégorie Sons, 14-15, 86, 93
catégorie Stylo, 22, 88, 93
catégories de blocs, 6, 82-91, 92

clones, 44-45, 85, 93
compte Scratch, 11, 33, 80, 93
condition, 8, 85, 87, 93
coordonnées, 9, 75, 93
costumes, 12, 29, 46, 93
curseurs, 25, 93

débogage, 21, 30, 93
degrés, 23, 24, 41
direction, 41
données, 10, 42, 90, 93

écran de démarrage, 72, 93
écran Game Over, 43, 77
effets de couleurs, 43
effets spéciaux, 18, 84, 93
enregistrer, 16

importer, 31
instruments de musique, 15

kit de démarrage, 53, 54, 60, 66

langage informatique, 4, 94
listes, 58, 90, 94
lutins, 6, 10, 11, 12, 14, 18, 22, 28, 29, 32-35, 40, 44, 46, 66, 94

mettre en ligne, 94

mises à jour, 80
outils de dessin, 32-35, 43, 54, 94

partager, 81
planifier, 28, 37
programmes, 4, 5, 95

Quicklinks d'Usborne, 5, 11, 18, 34, 46, 51, 53, 54, 71

rafraîchissement de l'écran, 71, 95
recadrage/rognage, 31, 95
remix/remixage, 81, 95

Sac à dos, 33, 65, 81, 95
sauvegarder, 33, 80-81, 95
scène 6, 8, 9, 10, 29, 32, 75, 95
scripts, 6, 28, 29, 71, 95
site web Scratch, 5, 80-81
style de rotation, 12, 95
syntaxe, 9, 95

taille de fichier, 31
type/extension de fichier, 31, 93

variables, 10, 36, 58, 73, 84, 87, 90, 95
vecteur, 32, 34-35

Rédaction : Jane Chisholm
Illustrations supplémentaires : Matt Bromley
Ont contribué à la maquette : Tom Lalonde et Mike Olley
Scripts testés par Laura Cowan et Matthew Oldham

© 2015 Usborne Publishing Ltd., Usborne House, 83-85 Saffron Hill, Londres EC1N 8RT, Grande-Bretagne.
© 2016 Usborne Publishing Ltd. pour le texte français. Tous droits réservés.
Le nom Usborne et les marques sont des marques déposées d'Usborne Publishing Ltd. Aucune partie de cet ouvrage ne peut être reproduite, stockée en mémoire d'ordinateur ou transmise sous quelque forme ou moyen que ce soit, électronique, mécanique, photocopieur, enregistreur ou autre sans l'accord préalable de l'éditeur. Les éditions Usborne ne peuvent en aucun cas être tenues pour responsables de la fiabilité, de l'actualisation ni du contenu des sites Web autres que le leur, pas plus que de toute exposition à un contenu nocif, choquant ou inadapté qui pourrait se produire sur le Web.